lonely planet

美台

From the Source

食湾

之旅

作者：陈苾分　黄采薇　刘子瑄

摄影：宋修亚

插画：二搞创意

U0353414

中国地图出版社

目 录

要参透台湾人五脏庙的中心信仰,必须来一趟荟萃海内外美食的台湾北部。旧城区里老牌小吃就像古早时期人们北上打拼的写照,自山间飘香而来的包种茶也牵动着城镇历史的脉搏与味蕾。当年榕树下、庙口前的一味又一味,就此留存下来成为经典。

中部地区地形复杂,从盆地、丘陵一直过渡到山区,山产为本区菜色增添风味,20世纪中叶清贫时期的饮食发明也依旧保留在小吃文化当中,成为不可不尝的地区性美味。

这里是台菜的发源地,也有来自五湖四海汇聚而成的眷村菜,克勤克俭的客家菜同样在此源远流长。各色大宴小食、鱼鲜菜羹,养出一地习钻的嘴舌。

好山好水,孕育出优质、有机的好米好菜。生活步调相对悠闲的此地,作物也能以最顺应自然的韵律生长。端上桌的,都是主打原味的自信与骄傲。

这里并不美丽，
但藏着美好

在等候《台湾美食之旅》这本指南完成的期间，某日来了消息：安东尼·伯尔顿（Anthony Bourdain）过世了。

身为美国名厨、作家及走遍世界的电视节目主持人，伯尔顿去过的地方、尝过的食物不知凡几。他曾经为了节目与活动三次来到台湾。或许限于时间紧凑，他停留的地点以北部为主。除了寻访美食，也进行了一些来台旅行者，甚至台湾人自己，平常都不见得会做的事，例如钓虾，例如到公园和师傅一起打太极拳。

媒体整理了他来台时吃过的食物：红蟳米糕、担仔面、咸酥鸡、基隆庙口海鲜（炒海瓜子）配台湾啤酒、永和豆浆的烧饼油条、某怀旧料理餐厅的卤味猪耳朵配台湾米酒，还有各地名人来台最爱的小笼包。以一个快速"扫台"的旅人来说，也算是吃了不少重点。

我不知道台湾这座蕞尔小岛最吸引伯尔顿的是什么。他在节目之余，留下过一句个人认为很中肯的评论：台北并不美丽，但藏着美好。或许来过台湾的旅人，对这个评论也赞同。住在台湾的人们，最常用来鼓舞或安慰自己的话是"台湾最美的风景是人"。这话一方面可以读出台湾的浓厚人情，另一方面也坦白承认了：台湾虽是宝岛，一样有着很多的疙疙瘩瘩。

但哪里没有疙瘩呢？旅人来去如风，不见得会遭遇到这些疙瘩；要真遇到了，可能也不那么在意。但对日复一日生活在岛屿上的人们而言，总得想点办法来应付、平抚这些日常疙瘩吧。我相信，台湾的吃食能够这么澎湃丰富，除了先天物产上的优势，与后天历史面的五湖四海汇流之外，"以食抚慰人心"的集体潜意识，该是岛屿美食始终得以蓬勃发展、甚至与时俱进的原因之一。无论上流也好，市井也罢，各有其坚定的捍卫者。到头来，食"美"与否的决定权，还是落在自己的舌尖上了。

于是这座岛上藏着人类之于食物所能付出的、几近最大的善意：除非高山大海荒漠，否则几乎走到哪里，都有得吃。各种食物遍布了台湾的各个时段、各个角落，你能在一些意想不到的荒谬时刻，吃到一碗牛肉面，或喝上一杯手摇茶。凌晨三四点，街头的炭烤吐司配鲜奶茶人声依旧鼎沸；胃才刚醒的早餐时间，就有吐司、清粥或蛋饼煎饺可以选择，要不就来碗鸡肉饭，或者凉面味噌汤。午餐晚餐呢？点心宵夜呢？那些摊贩、食肆、店家、餐厅，还有穿梭在街头巷尾的餐车，又或者，四大洋七大洲只要是讲得出来的异国料理，十之八九都找得着。一座面积不过三万五千余平方公里的岛屿，聚集出如此密度的吃食，要说夸张，还真是夸张了。

存在的也不仅食物本身而已，还有它的渊源、它的来龙去脉、它与人们的各种关联。当旅人咬下一口鸡排，舀起一匙肉羹，吸上几颗奶茶里的珍珠，嘴巴里感受到的是此时此刻的酸甜苦辣；然更深一层，食物偷偷将它的身世密码，写进你的味蕾中，静待某时某日，爆发成对于岛屿的想念。

就像我一度试着想在自家厨房弄出在布达佩斯吃到的炸蘑菇，或是瞎蒙着煮出一碗日本连锁餐厅里的青葱培根丼；或许伯尔顿也曾在某个夜晚，试着炒出基隆那盘海瓜子的鲜美。"复制旅途中吃到的美味"，是旅人们在没能旅行时，用来抚慰自己躁动的心的方式——即便做出来的不那么好吃，但这招真的有效。容我借用并延伸伯尔顿对台北的诠释：台湾并不美丽，但藏着美好。这份美好不只在人、在物，更多埋在吃食里头；它会随着你的每一口，咀嚼成这趟旅程专属的记忆指南，并在你毫无防备时，点燃你的食欲之火。

陈琡分
本书作者

东　海

石门

三芝

金山

台湾海峡

万里

淡水 ⑨

八里

淡水河

阳明山

基隆

林口

台北 ①

新北

平溪

⑥

新店

三峡

翡翠水库

坪林 ⑩

乌来

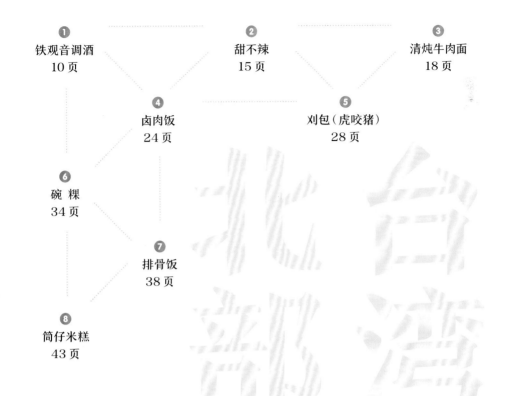
要参透台湾人五脏庙的中心信仰，必须来一趟荟萃海内外美食的台湾北部。都会之外，紧邻海港与山林，多元的历史与地形使得巷街之间不乏传统米食与海滋味；旧城区里老牌小吃就像古早时期人们北上打拼的写照、自山间飘香而来的包种茶也牵引着城镇历史的脉动与味蕾。当年榕树下、庙口前的一味又一味，就此留存下来成为经典。

铁观音调酒

一间古迹改造的餐酒馆里，卖着用台湾茶叶铁观音泡出来的特色调酒，抿上一口，微甜酒感与淡淡茶香，在越夜越美丽的台北街头之中享受微醺。

在繁华的八德路二段，转角里面有一间建造了 70 年的木造仓库，被称为"一号粮仓"，这里最早是用来囤放民生粮食的，之后作为中仓麻袋仓库过了 40 个年头，也囤过 15 年杂物又闲置了 6 年，到了 2016 年才重获新生，蜕变成现在的新形态——台北数一数二的特色餐酒馆。

台北曾经有过四间粮仓，如今内湖、景美两座已不复存在，北投的成了咖啡馆拾米屋，台北市的一号粮仓则在老房子文化运动后修复成如今的复合式餐酒馆。作为北部现存唯一的日式木造仓库，当年为更好地储存粮食，这座仓库采用了双重墙结构，室内冬暖夏凉的感觉极为明显，因此修复团队也特意保留了原有的桁木架构，并用传统工法修复，如今你来到这里，仍可以看到当年的铸铁门与墙上复古的木编储米架。

餐酒馆里雇用了曾为调酒师大赛冠军的邹斯杰来做调酒顾问，并邀请调酒师朱松原一同设计酒单。"这里的调酒首先要展现出台湾特色，其次要符合粮仓古老的氛围。"一系列以台湾景色、节气为题的调酒，皆被朱松原冠上具有诗意的酒名，如枫红、悠暮、春分等。酒单上用平易近人的气味与酒类特色，来描述每一杯酒，正如调酒师所说的："我们希望大家可以用味道索引，直观地选择自己喜欢的酒，进而去认识这些调酒。"直至现在，一号粮仓的很多回头客，都是冲着其特色调酒而来。

其中，"山岚"便是以台湾山林小路为发想而模拟出来的滋味。朱松原谈道："设计这款酒时，最初浮现在我脑海里的就是走在起雾山间的味道。"山岚采用草本与茶香基底，调入了浸泡过铁观音茶叶的白兰地以及散发无花果香气的雪莉甜酒，再加入略带薄荷香与草本苦味的意大利苦酒，最后调进似有浆果味的榛子利口酒；为了中和甜味，酒中还加入了罗望子汁。山岚上绵密的铁观音茶泡茶味飘香，淡淡蜂蜜甜味与调酒相辅相成，最特别的是铁观音调酒旁还搭配了一颗小小的鸟皮蛋，先喝一口调酒的原味，再细啄一口皮蛋后饮用，将能品尝出多层次的酒感。

与山岚一同端上的鸟皮蛋，来自一号粮仓一楼的乐埔汇农超市，这里贩卖众多台湾各地小农的产品，偶尔还会安排腌梅子、酿酱油或是土鸡试吃会等活动；餐酒馆所在的二楼，菜色则依照仓库的历史以在地食材打造无国界料理，自早期的日式咖哩到后来的眷村牛肉面、卤味，与新住民时期的南洋风菜式，一同佐上具现代感的风味鸡尾酒，如同翻修后的仓库，巧妙结合了新旧元素的调性。

铁观音调酒——山岚

供 1 人饮用

准备时间：20 分钟
烹饪时间：5 分钟

- ☐ 轩尼诗 VSOP 白兰地（Hennessy VSOP Cognac Privilege）25mL

- ☐ 西班牙波利多雪利酒（Burdon Cuesta Pedro Ximenez Sherry）20mL

- ☐ 布兰卡薄荷利口酒 （Branca Menta）10mL

- ☐ 榛子利口酒（Frangelico）10mL

- ☐ 罗望子汁 20mL

- ☐ 铁观音茶叶适量
  * 店内一般用 250mL 白兰地配以 10g 茶叶泡出的茶，在家可根据比例调整

- ☐ 冰块适量

调酒师 // 朱松原
地点 // 一号粮仓，台北市

1 把白兰地隔水加热到 50 ~ 60℃，加入铁观音茶叶浸泡约 10 分钟。白兰地与铁观音茶叶的比例需控制在 25∶1。

2 将 25mL 白兰地倒入调酒杯中，接着陆续加入雪利酒、薄荷利口酒、榛子利口酒与罗望子汁，然后调入适量冰块开始摇杯。

3 滤掉碎冰，倒进喜欢的酒杯中，即算完成。

4 饮用时可以搭配一颗乌皮蛋作为下酒菜。

铁观音茶泡

如果家中恰好有咖啡店常用的氮气瓶，则能加码制作铁观音茶泡。先备好泡好的铁观音茶（茶与水比例为 1∶40）、吉利丁（食用明胶，与茶比例为 1∶100），视甜度喜好可以加入少量蜂蜜，将这些备料倒入氮气瓶中制作茶泡，最后挤至调酒表面，就是一杯更具层次的铁观音调酒了。

甜不辣

煮到熟透的甜不辣吸收了高汤的鲜甜水分，蘸上甜咸酱汁格外够味，食完后再盛上一碗热汤暖暖胃，完美地驱散了秋冬的寒意。

"**甜**不辣"取自日语"天妇罗"的谐音，本为炸物，传到台湾后渐渐转为单指一种片状的鱼浆食品。北部多称其为"甜不辣"，到了南部则较常听到"黑轮"这个称呼，源于另一项日本名物御田（おでん）。虽说在台湾甜不辣与黑轮本质上是相同食材，但也有比较考究的人，将其以做法细分：甜不辣多用白萝卜作为汤头，习惯蘸甜酱；黑轮则以大骨熬汤，配的是酱油膏；而承袭日本做法的关东煮汤用昆布调味居多，更常配上味噌酱。

位于台北老城区万华的亚东甜不辣，就是一间用白萝卜为汤底的甜不辣店。这间 1965 年创办的老店坐落在艋舺三大寺庙之一——青山宫边上，由于地处华西街夜市外围，这里少了人群嘈杂、多了街道清静，生意却从没断过。亚东甜不辣当年还是一个连椅子都没有的骑楼小摊位，客人常常跑来站着就吃上一碗。如今生意已经传到第三代吴胜鑫与媳妇手上，仍常常见到前代老板娘到店里来与老客人串门子。店里头挂满的五花八门的画作，皆是出自前代老板吴克东之笔，而他创作的灵感，正是来自从小生活的万华街头。

亚东甜不辣的汤头以白萝卜与排骨慢火细炖，"每一个食材烹煮的时间长短都不同，要呈现出最佳的口感，下锅的时间点和顺序很重要。"老板娘解释道，首先白萝卜与豆腐一定要优先下锅熬煮，再放入猪血糕、甜不辣、馄饨酥等甜不辣料。甜不辣汤头也会随着食材的烹煮而吸收精华，荟萃成清甜的高汤。此外，他们的综合甜不辣也不同于一般店家直接淋酱的做法，而是贴心地用一枚小碟盛酱于一旁，"现在客人注重养生，这样可以让人自行调整咸甜度"。亚东的独门深色蘸酱名气可不小，由第一代老板传下来的酱汁是以味噌、二砂糖、辣酱与特制配方，不停搅拌后熬煮四个钟头才制成的，味道咸甜浓郁。若嫌不够呛辣，柜台旁还有老板手工自制的红色辣椒酱，但凡配上一点就很过瘾。

享用完甜不辣后，别忘了到柜台左侧的汤锅去添一碗清汤，如此一来，才算是享受完一套完整的甜不辣套餐。这里的高汤供客人自行取用，搭配碗内剩余的酱料更具风味，暖胃又舒心。虽说现今万华区已从繁华渐入平淡，这份记忆中的老味道却未曾淡去分毫。

料理人 // 吴胜鑫
地点 // 亚东甜不辣，台北市

甜不辣汤

供 8 人食用

准备时间：6 分钟
烹饪时间：70 分钟

- ☐ 排骨 500g
- ☐ 白萝卜 1 根
- ☐ 油豆腐 2 块
- ☐ 市售综合甜不辣 1 包
- ☐ 水 1 锅
- ☐ 甜辣酱视个人喜好
- ☐ 甜味噌酱视个人喜好

1 先将白萝卜洗净后削皮，切成数个菱形小块。

2 把切好的萝卜与排骨，放入电饭锅中熬煮高汤，至少煮 40 ~ 60 分钟。

3 待白萝卜快熟熟透（约是筷子可以戳过去的程度）之后，先放入豆腐，

约 3 分钟直到豆腐煮熟。如果综合甜不辣中含有猪血糕，则在豆腐熟后放入，煮上 2 分钟。

4 最后放入甜不辣，再煮滚一回，便能大快朵颐了。

5 煮好后可以直接享用原味的清甜，或是取出置于碗内，倒入甜辣酱或甜味噌酱一起吃。

小贴士

若买到正当季、软硬适中的白萝卜，可以迟一些再把萝卜放入电饭锅中。顺序改为先将排骨熬煮 40 ~ 60 分钟，然后依序放入豆腐、白萝卜等食材煮熟后即可食用。

清炖牛肉面

下班时间的台北街头，时寓已点起了暖暖的黄色招牌。清炖牛肉面微甜而醇厚的汤头，让这里变成了许多人的深夜食堂。

说起牛肉面这个庶民美食，其实历史不算悠久。早期台湾还是农业社会时，农民们大多不吃牛肉，直到老眷村里的饮食文化兴起，牛肉面才算真的在台湾流行开来。台湾美食作家焦桐曾经说过："牛肉面美味与否，取决于面、牛肉、汤的组合，面对一碗面貌模糊的牛肉面就好像面对一个面目可憎的人。"一碗牛肉面想获得好评价，每样角色的完美搭配至关重要。台北的牛肉面馆名店云集，有些主打牛腩、牛腱，创新一点的会加带骨牛小排；一碗牛肉面可以从九十多新台币起跳，高则甚至千金难买一碗面；口味则大致分为两派，一是用豆瓣、辣油或是酱油入味的红烧派，二是高汤为底的甘甜清炖派。在红烧派为大宗之下，牛肉面爱好者们对于清炖派名店更为珍惜。

时寓位于中山区的一栋民宅二楼，若非老饕带路，平时路过极易错过，店名像是"食欲"的谐音，也寓意着"时间的寓所"，身处清一色古董家具中，使人有一种穿越时光用餐的错觉。他们的招牌"来金清炖牛肉面"取自老板母亲的名字，连汤头做法都传袭了自家祖传牛肉面的醇香。老板曾文佑在食物产业打拼多年，老板娘张佩华则从事过品牌营销工作，两人在职场耕耘多年后买下了这处老屋，卖起曾文佑最熟悉也从小最爱吃的牛肉面，他们花了八个月一砖一瓦修筑起店铺，"甚至整间店的旧地

砖，都是我们夫妻俩每天跑来一块块敲掉的。"老板笑着回忆道。

曾文佑是高雄凤山人，如同早期许多白手起家的工薪家庭，他的父亲从事营造业，工作十分繁忙。他对我们说："小时候，只要进家门前闻到牛肉面飘香，就知道爸爸今天回家吃晚饭了。"因此，对曾文佑来说，牛肉面不仅是一种家味，更是一种团圆的味道。而这碗充满回忆的来金清炖牛肉面，不可缺少的就是时寓的独家卤包：由于家里亲戚经营了三代中药房，让他们可以采用安心的中药材，像是润肺的麦门冬、补血的大红枣、明目的枸杞等，卤包内共有十余种中药；再加入干贝干、蔬菜与甜梨作为高汤基底，以及翻炒至金黄的焦糖化洋葱，要让汤头清甜有层次，可说是一项都少不了。

至于牛肉面的主角牛肉本身，除了特别选用澳大利亚草饲牛，甚至采用了一般用于牛排的"湿式熟成"功法，将牛肉放入湿式熟成柜中，掌握"湿度、温度与时间"的最佳平衡点，使得牛肉呈现最美丽的色泽，将肉质的美味发挥到最大值。

如今除了卖面之外，时寓也经常举办品酒、美食或是讲座活动，介绍一些来自中南部的传统食材，如清炖牛肉面中使用的关庙手工面线等。来到这里总让人有种到了朋友家一般的感觉，当你吃下一碗充满家味的面，似乎一日的烦琐都被疗愈。

清炖牛肉面

供 8 人食用

准备时间: 1 小时
烹饪时间: 7 小时

- ☐ 鲜牛腩 2kg
- ☐ 洋葱 3 颗
- ☐ 橄榄油 2 大匙
- ☐ 牛骨 2kg
- ☐ 小高丽菜 1 棵 (约 900g)
- ☐ 红萝卜 2 条 (约 500g)
- ☐ 甜玉米 2 条 (约 500g)
- ☐ 市售卤包 2 包
- ☐ 大红枣 16 颗
- ☐ 枸杞 200g
- ☐ 麦门冬 50g
- ☐ 米酒 400mL
- ☐ 干贝干 100g
  (可用蛤蜊 1 斤半取代)
- ☐ 纯酿酱油 2 大匙
- ☐ 海盐 40g
- ☐ 高质量纯白胡椒 15g
- ☐ 老姜 50g
- ☐ 鲜葱 50g
- ☐ 细面 8 人份
  (推荐购买优质的关庙细面)

料理人 // 曾文佑
地点 // 时寓, 台北市

1 将鲜牛腩放入家中冷藏柜中, 直至肉色呈现鲜红柔嫩状态。

2 拿两颗洋葱切成细丝, 加入橄榄油, 以中小火炒 30 分钟左右, 直到洋葱呈现焦糖一般的色泽香气。

3 冲洗牛大骨, 并滚水汆烫后捞起备用。

4 将高丽菜、红萝卜、甜玉米等蔬菜洗净后切成大块。

5 把切好的蔬菜与牛骨一起放入锅中, 加入 15 碗公 (1 碗公约 500mL) 的水, 盖上锅盖以中火熬煮 2 小时, 便完成了高汤基底。

6 自冷藏柜取出鲜牛腩, 切成长约 5 公分的肉块。

7 将切好的鲜牛腩加入高汤中, 然后放入卤包、大红枣、枸杞、麦门冬、炒至焦糖化的洋葱, 以及米酒、干贝干或蛤蜊、纯酿酱油、海盐、白胡椒、老姜、鲜葱与一颗鲜洋葱, 全部入锅后盖上锅盖, 以中火炖煮约 4.5 小时。

8 用另一小锅将细面滚熟, 捞出后置入汤碗中, 倒入牛肉汤, 清炖牛肉面就大功告成了。

小贴士

牛肉汤头需要耐心熬煮, 至少要熬煮 3 ~ 4 个钟头; 煮好后, 可以盖着锅盖静置一天 (或是至少 6 ~ 8 小时), 隔日再食用, 汤头会更入味鲜甜。

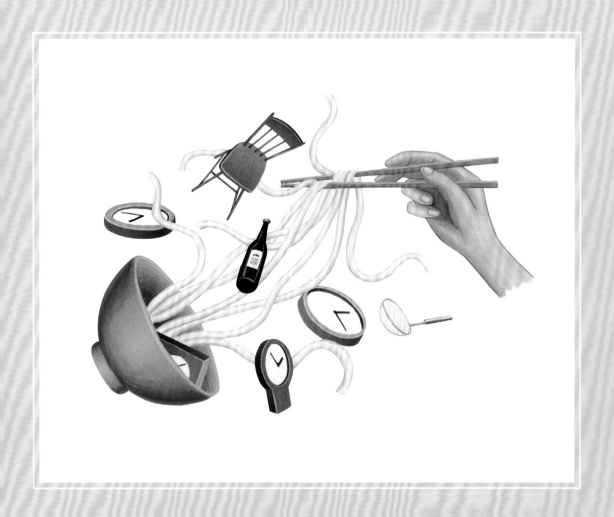

卤肉饭

卤肉饭是台湾人从小到大的共同记忆，大街小巷里几乎都能见到它的身影，仅用铜板价格，便能享受炖煮到晶莹透亮的卤肉与热腾腾的白饭，光是这美好的滋味，就值得你买张机票到台湾来品尝。

要说台湾小吃中的经典头牌，伴随多少台湾人长大的卤肉饭绝对是当之无愧。许多人可能不晓得"卤肉饭"这个名词，在台湾南北部有着大大不同的意义，台湾北部的卤肉饭指白饭上淋上卤猪绞肉或是卤透的碎猪肉，有时会配上几块腌萝卜或香菇块，类似于南部的肉臊饭。若是在台湾南部向店家点一碗卤肉饭，端上来的时候是放上笋丝干的大片肥嫩卤猪肉，状似北部的爌肉饭（或称焢肉饭）。姑且不论名称上的差异，一碗真正好吃的卤肉饭，在多数台湾人心中的定义往往万变不离其宗；入口即化的肉脂、满满的胶质与略带咸甜的浓郁口味，样样不可少。

三重是新北市著名的美食集散地，如果在路上探问，几乎所有三重人心中都有一间自己最爱的卤肉饭店家，而今大卤肉饭无疑是人气最高的一间。今大的老板黄源泉出身云林，小时候家境不算太好，甚少吃到好吃的米食，直到 15 岁决定北上学一技之长，来到台北的第一天，父亲带他去吃了一碗兰州街的卤肉饭，此后，他便对这项庶民小吃再难忘怀。回想起当年滋味的黄源泉感叹道："这也许就是我选择开一间卤肉饭店的原因。"当完兵后他选择进入青叶台菜餐厅当学徒，一做就是 18 个年头，这段时光像是免费的烹饪先修班一样，让黄源泉打下了对料理的扎实基础，多年后他与妻子从三重的路边摊开始，一路打拼出如今红遍北部的今大卤肉饭。

走进大同公园的南圣宫路口，每到用餐时间，远远便能见到今大湛蓝色招牌底下已是大排长龙。客人们总爱夸赞今大宛如"大放送"一般的卤肉酱汁，老板随手一舀，在白饭上淋满卤好的猪碎肉，绝非寻常只有一勺点缀在饭中央的小气做派。谈到自家卤肉饭，黄源泉自豪地说："我们的卤肉是用大锅天天熬煮出来的，煮的时候要很有耐心地捞好几次浮油，卤肉饭才会油亮而不油腻。"炖煮到软烂的肥肉吸饱了汤汁，卤出浓厚的胶质，晶亮中透着油光；配上热腾腾的白饭，那种略微粘嘴的口感，让人吃到满嘴油光也毫不在意。开店至今，今大卤肉饭仍是维持着铜板价格，一碗只要 25 元新台币，每日开锅煮上十个小时，卖出的卤肉饭已非千百能数计。

料理人 // 黄源泉
地点 // 今大卤肉饭，新北市三重

家常版卤肉饭

供 5 人食用

准备时间：15 分钟
烹饪时间：2 小时

☐ 带皮五花肉 1 ~ 1.5kg

☐ 红葱酥半碗

☐ 砂糖 1 大匙（亦可以使用冰糖）

☐ 酱油 200mL

☐ 水 300mL

☐ 米酒少许

☐ 味精适量（视个人口味）

1 将买来的五花肉切成细丝。

2 把切好的猪肉用快锅翻炒，直到肉色转白的略熟状态。

3 倒入酱油、砂糖、水与适量米酒，加入红葱酥开始卤，可视个人喜好加味精调味。

4 以小火卤 60 ~ 90 分钟，其中若是卤汁表面浮出肉油，则要将油捞掉；煮到卤肉入口即化的程度，起锅前再捞一次油，即可停火。

5 将热腾腾的卤肉淋在煮好的白饭上，就能开动了。

小贴士

若想要省些时间，卤肉亦可选用传统市场购买的猪绞肉，老板建议挑选带有肥肉的猪颈肉，而非纯瘦肉，烹煮起来口感更佳。

刈包（虎咬猪）

刈包又写作『割包』，白白胖胖的面皮中，包着卤到熟嫩入味的五花肉，再撒上花生粉、酸菜与香菜，让人回味无穷。

蓝家的第二代老板
蓝凤荣向我们说：

"刈包是我们家
逢年过节必吃的
一道菜。"

刈（yì）包传自福州，因其蓬软如馒头的外皮形似老虎的嘴巴，紧紧咬着饱满的内料，故又被称为"虎咬猪"，它是不少外地人口中的"台式汉堡"，以恰到好处的大小、迅速的出餐时间，还有充满饱足感的用料，完美地掳获了外食族的味蕾，更是不少夜归人的宵夜首选。在台北有一家刈包名店，位于台湾大学正对面的公馆夜市。来到公馆的旅人，通常有两个目的，一是买夜市交叉口的陈三鼎青蛙撞奶（珍珠奶茶），二是到它对面吃一个蓝家的刈包。

蓝家的第二代老板蓝凤荣向我们说："刈包是我们家逢年过节必吃的一道菜。"蓝老太太每年会卤上几锅五花肉，放在大桌上让孩子们包来吃，却没想到这道从小吃到大的美味，竟成了蓝凤荣未来的一门手艺。蓝家的刈包可以依照自己的口味选择偏肥、偏瘦或是综合偏肥、各半等五种排列组合，如果有时间到店里坐一坐，客人往往会再点上一碗四神汤暖暖肠胃，以薏仁、莲子、山药与芡实细细熬出来的汤头与刈包十分相配，两者皆为店里的定番美食。

蓝凤荣当初于公馆开始摆摊时，花了三千多块钱的积蓄买了当下最便宜的摊子，天天骑着摩托车来叫卖，从一天二十个开始做起，一番努力之下刈包越卖越好，这才买下了摊位后方的自助餐店面；直至今日，摆在店头蒸着刈包的还是当年那个餐车。本着饮水思源的想法，蓝家刈包多年来才涨了五块钱铜板，不少海归儿女千里迢迢回到台北，就是为了重温这记忆中的味道。

蓝凤荣的刈包最为人称道的便是以老卤汁炖煮的猪腿肉，他说要做出一个美味的刈包其实没有什么秘诀，最重要的是用纯粹的心去努力烹煮。爆香过的红葱头与蒜头替卤汁添增香气，加入金兰酱油与红标米酒慢慢熬煮，再用黑糖炖出卤肉的甜味，每一锅至少都要卤上两个钟头，才能呈现绝佳口味。特制的蓬松刈包皮中，夹上一块厚实的五花肉，再撒满花生与细砂糖，点缀上香菜与客家风味酸菜，咬上一口皆是满满的层次感，吃上两个都不嫌多。

料理人 // 蓝凤荣
地点 // 蓝家刈包，台北市

刈包（虎咬猪）

供 8 人食用

准备时间：5 分钟

烹饪时间：1 小时

- ☐ 五花肉 1 条（约 600g，请摊贩视大小切成 8 ~ 10 片）

- ☐ 现成刈包 8 ~ 10 片

- ☐ 金兰酱油 200mL

- ☐ 红葱头 30g

- ☐ 蒜头 2 瓣

- ☐ 黑糖 1 大匙

- ☐ 二砂糖少许

- ☐ 米酒 1 大匙

- ☐ 水 600mL

- ☐ 酸菜 100g

- ☐ 市售花生粉半包

- ☐ 市售白砂糖半包

- ☐ 葱 1 把

小贴士

剩余的卤汁与卤肉也别浪费，老板建议我们可以夹一块卤好的五花肉到白饭上，淋上些许卤汁，就是一碗简易版的焢肉饭了。

1 先取出半包花生粉与与白砂糖，用 4（花生粉）:1（砂糖）之比例，混合拌匀后备于一旁。

2 炒锅倒入一些油，将红葱头与蒜头快速爆香，然后加入五花肉翻炒至肉色红转白。

3 撒上黑糖、1 大匙酱油、倒一圈米酒继续翻炒五花肉，之后盖上锅盖焖煮片刻，直到五花肉煮出肉汁后，再拿锅铲翻炒一次；如此重复两次。最后猪肉表面会呈现晶亮状态，且只剩余些许酱汁。

4 加入 3 碗水与方才没用完的酱油于锅中，汤汁要淹盖过五花肉，接着细细炖煮一至两个小时，中途可以用筷子戳戳看肉是否软烂。

5 想要五花肉更具香气的话，可以洗一把葱，用麻绳绑好放在最上面一起炖煮，煮好后再将葱取出。

6 把烹煮好的五花肉捞出锅。之后倒入酸菜，加进二砂糖稍卤一下，酸菜呈现煮熟酸脆状态即可捞起。

7 将市场买来的白色刈包，放入蒸锅中以中火蒸 10 ~ 15 分钟。

8 最后把五花肉、酸菜、花生粉、香菜，依序放入蒸好的刈包中，就可以上桌了。

碗粿

使用纯正在来米浆蒸出来的碗粿，弹牙中带点米香。台北的吴家碗粿里不仅有炒到焦香的肉臊、香菇，还海派地放了一块梅花肉，内料皆是老板每日烹煮出来的好味道。

碗粿是一种以米浆现蒸出来的台湾美食，因为多以碗为容器而得名。它虽然兴起于台南，却是北中南各有一套料理哲学，南部下料丰富、颜色较深，多为褐色碗粿；在北部的几家名店中则能见到偏白的碗粿，泛着点点酱油色彩，开店数十年的吴碗粿之家便是如此，他们以现磨在来米浆蒸出的弹嫩口感深受老饕喜爱。一大清早来到碗粿店，老板与员工正忙着炒拌备料，他们翻炒着几十斤的肉臊，浓浓的红葱头香气扑鼻而来，炒完肉臊的卤汁还得卤上一大锅香菇，再浸泡裹着太白粉的梅花肉，最后吸收了所有食材妙味的卤汁精华，就成为店里碗粿特制蘸酱的基底。

吴家碗粿的米浆是由米龄三年以上的在来老米现磨而成，不添加任何太白粉或者地瓜粉。老板吴怿周熟练地将浆液倒入放好备料的浅蓝色碗中，他拿出小汤勺一碗碗调整到刚好的分量，再潇洒地蘸酱油撒于米浆表面，犹如在挥洒画笔的姿态。这碗看似简单的碗粿，从浸米、磨米、卤料、炒料，全不假外人之手；放进蒸箱后，不到半小时便能出炉，在碗粿表面用小铁叉划开一道后，淋上独门蘸酱、再拌点蒜泥，就能饱餐一顿。

这碗碗粿里头除了油葱酥绞肉、卤梅花肉，还有一块咸鸭蛋和入味多汁的香菇片。老板面带自信地说："我们的碗粿，放凉了之后更加好吃。"很多人不喜欢碗粿，是由于碗粿蒸熟后嚼上去比较软烂，因此吴家通常会等待十分钟，特意放凉后才给客人端上，偶尔有人急着外带，老板还会先给碗粿吹吹电扇、泡泡冰水。这种凉后再吃的习惯与台中西螺的碗粿有些类似，仅透过一个细心的举动，便能使碗粿更白嫩 Q 弹，咬起来也更加扎实。

吴怿周告诉我们，当年他的父亲从埔里北上到大稻埕卖鞋子，恰好碰到一位准备收摊回乡的碗粿阿伯，便向他顶让了小吃担子，自 1959 年起，姑姑挑起担子蒸了二十余年，又传回父亲手上几十年的光阴，才换到吴怿周接手生意。如今扩店到了新北市板桥，起初年纪轻轻就承担家业的他，也替碗粿之家发展出许多创意，像是蔚为话题的"伯爵奶茶配碗粿"正是其中一个。吴怿周当年自问："为何小吃店不能兼卖手作饮料？"便亲自上山去请教茶农，挑选出最合自己口味的红茶叶，泡出了让人赞不绝口的伯爵奶茶。

除此之外，店里还贴了一张海报，以台湾的影视分级，颇为逗趣地标出了四个等级的吃法：最一般的普遍级是淋上店里自制的酱油膏、辅导级搭上蒜泥、保护级多添了甜辣酱，最后的限制级则是加入店内自制辣椒酱，引导客人循序渐进地找到自己最爱的吃法。在吴怿周眼中，碗粿是一种独具特色的台湾小吃，没实际尝过的话便很难想象出其味道，但爱上个中滋味的人自然会一再回访。

碗　粿

供 8 ~ 9 人食用

准备时间：30 分钟
（需要先浸泡半天在来米浆）
烹饪时间：40 分钟

- [ ] 在来米 2 杯
- [ ] 水 1000mL
- [ ] 绞肉 250g
- [ ] 香菇 4 ~ 5 朵
- [ ] 红葱头半小碗
- [ ] 酱油 2 大匙
- [ ] 砂糖 1 小匙
- [ ] 酱油膏视个人喜好
- [ ] 蒜泥视个人喜好

料理人 // 吴怿周
地点 // 碗粿之家，新北市板桥

1 将在来米以冷水浸泡至少半天，然后以果汁机打成细致的米浆。米浆的比例为米与水1:5~1:6（见小贴士）。

2 在泡米时，可以先将香菇泡软，然后对半切开。

3 准备炒料；放点猪油到炒锅中，加入红葱头爆香，然后加入猪脚肉与切好的香菇一起拌炒，以2大匙酱油与1小匙砂糖调味后，可以加入四分之一碗水直到肉臊炒熟、水收干后起锅。

4 拿出瓷饭碗，每碗平均放入少量刚才炒好的肉臊、红葱头与香菇片。然后在炒锅中放上蒸架，把瓷碗排好放入锅中，倒入方才打好的米浆。米浆建议大约放到碗一半的高度即可，比较容易蒸熟。

5 以大火蒸约30分钟，只要蒸到碗粿成膨胀状态便可出炉。中途可以开锅确认，但开锅盖时必须要快狠准。

6 蒸好的碗粿建议放凉后再吃，口感更弹嫩；先吃一口原味，再视个人喜好加入酱油膏及蒜泥。

小贴士

制作碗粿时，建议购买米龄至少2年至3年的在来老米（粳米）。米的年份越高做出来的碗粿口感越Q嫩，但也要放更多水去打成浆，比例需控制在1:5至1:6之间。

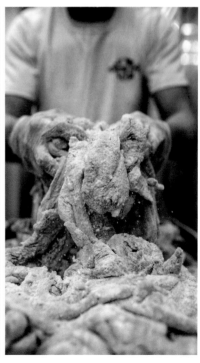

排骨饭

炸排骨是台式便当里最常见的菜式，也是众多上班族午餐的第一选择。由腌过的大片里脊肉裹上地瓜粉酥炸，口感酥脆入味与否，决定了便当评价的高低。

东一排骨店隐身在西门城中区的街道里，见证了 20 世纪 60 年代最繁华的西门荣景，当年这里是著名的银行街，举凡台湾银行、华南银行、第一银行都在城中开过分行，足见这里的热闹程度，坐落在延平南路的东一排骨便是创始在这西门最亮丽的年代里。

东一的排骨饭像是一套排骨套餐，刚端上桌时很多人都会为其丰富程度而感到惊喜，除了香酥排骨、腌渍小黄瓜与时令蔬菜，还有淋在热腾腾的白饭上的肉臊，最后附上一碗黑木耳汤，既丰盛又管饱。作为套餐主角的炸排骨饱含肉汁，腌制到略带辛香的扎实口感，让人咬一口就停不下来。排骨选用现宰温体带骨猪排，在肉质嫩度最恰好时采用手打按摩，加入米酒、香油与中药调料腌过，才裹上地瓜湿粉炸至金黄酥脆，每道工序皆不马虎，除了天天手工腌渍辣萝卜和凉拌黄瓜，连汆烫青菜都特地冰镇过，只为了让菜色呈现出最鲜美的状态。不论哪一样，都是炸排骨的最佳配角。

很多人来东一，除了享用排骨饭的美味，亦是冲着环境氛围而来。顺着大阶梯走进东一的大门，顿时有一种时光倒流五十年、置身在华丽大舞厅的错觉。微暗的灯光下，妆点着彩色的花玻璃与植物盆景；亲切的服务生阿嬷阿伯穿着白色制服，忙碌地穿梭在桌椅之间，一面面镜墙映着人们用餐交谈的身影，串串黄色灯泡烘托出一种迷幻的气氛。东一排骨像一间复古迪斯科舞厅，也像是怀旧的昭和咖啡厅。在商业中心从西门转移到东区之前，它曾是各大公司行号的最爱，也是公务部门常年的外送首选。

　　享用完了排骨饭，还有摆盘复古的冰激凌圣代、水果拼盘与新鲜现打果汁牛奶等着你，有些甜品已经成了隐藏菜单，若是向老板娘询问，或许会有意想不到的惊喜。你很难对这间餐厅做出定义或总结，因为这里的多元风貌往往带给所有闻排骨香气而来的人，一种凝结时光美好的难忘的用餐体验。

料理人 // 何淑丽
地点 // 东一排骨，台北市

炸排骨与小菜

供 2 人食用

准备时间: 30 分钟
（排骨需要腌 8 个小时左右）
烹饪时间: 15 分钟

炸排骨

☐　带骨猪排 2 大片 (一片约 150g)

☐　酱油 4 大匙

☐　糖 2 小匙 (视个人口味)

☐　葱花少许

☐　米酒 3 大匙

☐　香油 1 大匙

☐　地瓜粉 70g

凉拌小黄瓜

☐　小黄瓜 2 条

☐　白醋 1 大匙

☐　糖 2 小匙

☐　盐 1 大匙 (视小黄瓜大小增减)

炸排骨

1 用肉槌拍打排骨，去筋敲松为止。

2 取出一个密封盒，加入酱油、糖、米酒、香油、葱花，放入肉排按摩一下，然后置入冰箱腌一晚。

3 拿出腌好的肉排，加入地瓜粉均匀裹上，准备下锅油炸。

4 将油加热到滚烫 (约 180℃) 后，把裹好的排骨下锅炸 2 ～ 3 分钟，看表面油炸至金黄，便可捞起享用。

凉拌小黄瓜

1 将小黄瓜洗干净，切成薄片。

2 替小黄瓜抹盐，然后静置 10 分钟左右，直到小黄瓜稍微软化，即可将盐洗掉。

3 将小黄瓜置于小碗中，加入白醋、糖，拌匀。

4 亦可以静置 10 ～ 15 分钟之后再吃，配上排骨既解腻又爽口。

筒仔米糕

二十世纪五十年代，台湾流行着一种用竹筒做食器的小吃，里头有着蒸煮入味的糯米糕，筒底的丰富内料是美味的玄机；倒扣于扁盘撒上香菜与淋酱，一碗古早味就上桌了。

米糕为台湾十分普及的糯米小吃，台湾南北除了甜咸喜好不同，对于米糕的认定也不尽相同。北部的米糕与油饭出自同源，先将红葱头、香菇、虾米与猪肉等食材，同糯米拌炒入味，或是在筒底铺上卤好的五花肉、蚵仔及笋丝入锅蒸煮，用料要多海派随店家心意。台湾南部的米糕则是将鱼松、肉燥事后铺在饭上享用，搭配些许腌菜，以装在碗里上桌居多。所谓的"筒仔"米糕其实是由于台湾农业时期多产竹，竹筒本身带有气孔，蒸出的米糕不仅软硬适中，还兼具木质香气；曾经筒仔米糕以竹筒与陶筒为大宗，如今则多改由白铁、锡筒等容器，加速米糕蒸煮的速度与降低制作成本。

位在大稻埕的呷二嘴是一间很有个性的店，他们的餐点皆为季节限定，夏天只卖冰品，主打米苔目、大红豆与粉粿；11月起便改做热食，像是甜不辣、鱼丸汤与筒仔米糕。来到这里的客人除了米苔目汤，大多都会点上一碗以传统做法蒸煮出来的米糕；淋了甜咸酱汁糯米饭里面，放进卤至入味的五花肉与香菇等好料，吃上几口便有一点惊喜。老板娘郭文娟谈到自家的米糕，不藏私地说："我们的米糕用的是彰化产的糯米，而且一定要一年半米龄的，才能蒸出恰到好处的米糕嚼劲。"虽然如今已改用锡筒蒸糕，他们仍维持大灶蒸法，秋冬天天用上35斤糯米，放入卤肉、香菇，还有飘香的红葱头与虾米，蒸出300颗热腾腾的米糕。经验老道的常年客都会赶在四月前来一趟呷二嘴，就是为了吃上一回这道冬季限定的美食。

呷二嘴这个逗趣可爱的店名，取自"吃两口"的闽南语谐音。20世纪50年代时，大稻埕老城区在商港开通后茶叶店家林立，比起台北东区及西门更早繁荣，呷二嘴第一代老板吴宝贵满心想做小吃生意，便在此时来到甘州街搭了一个小摊位卖起米苔目，一步一脚印地卖出好口碑，小吃的种类也越卖越多。30年后，生意传到孙女郭文娟和孙女婿陈英杰手上，有了如今明亮显眼的店面，里头装潢也像料理滋味一般念着旧情，除了复古的红桌与铁凳子，墙壁上还画着大稻埕老街景，将当初甘州街的红砖道与大榕树描绘得栩栩如生，连几十年前的矮房门牌都清清楚楚。仿佛应了店名，这里的小吃也总让客人吃上第二口、第三口后，还想再续一碗。

筒仔米糕

供 5 人食用

准备时间：40 分钟

（糯米需要先浸泡 2 小时）

烹饪时间：25 分钟

☐ 白糯米 2 米杯

☐ 五花肉 200g

☐ 油葱酥 20g

☐ 虾米 10g

☐ 香菇 2 ~ 3 朵

☐ 香菜数根，依个人口味

☐ 酱油 2 大匙

☐ 糖 1 小匙

☐ 水 150mL

☐ 胡椒粉少许

☐ 盐少许

料理人 // 陈英杰

地点 // 呷二嘴，台北市

1 简单漂洗糯米，浸泡 2 小时后取出沥干，备用。

2 汆烫五花肉约 5 分钟，起锅放凉后切成细条。

3 把香菇用水泡软后，同样剁成细条。

4 倒少许油下炒锅，加入虾米与油葱酥以中小火爆香。接着依序放入五花肉与香菇翻炒 1 ~ 2 分钟，然后加入酱油、水、1 小匙糖以及少许胡椒粉卤约 20 分钟，咸度不够时可以用少许盐调味。

5 将炒好的食材捞起，接着把稍早沥干的糯米倒入锅中，以剩余的酱汁替糯米上色，炒至酱汁收干即可。

6 家中若没有竹筒，可以用大口径的瓷茶杯作为容器。取出茶杯，依序填入炒好的食材与糯米，每杯平均约七分满。

7 在炒锅中放入蒸架、倒入两碗半的水，将填好的茶杯摆放在蒸架上，以中火蒸约 20 分钟即可。

8 把蒸好的米糕倒扣在盘子上，可以视个人喜好撒上香菜、淋上甜辣酱一起吃。

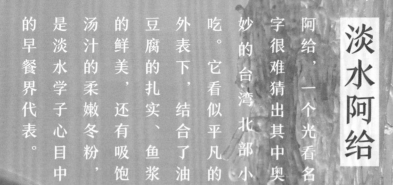

淡水阿给

阿给，一个光看名字很难猜出其中奥妙的台湾北部小吃。它看似平凡的外表下，结合了油豆腐的扎实、鱼浆的鲜美，还有吸饱汤汁的柔嫩冬粉，是淡水学子心目中的早餐界代表。

台湾北部的淡水，隔着一条淡水河与对岸的八里遥遥相望，坐享北部最美丽的水岸风光，连微风里都尝得出海水携带的微微咸味。来到这里，除了淡水夕照、约会圣地情人码头，以及欧风的红毛城与小白宫，最让旅人印象深刻的想必就是淡水独门美食阿给与铁蛋了。淡水阿给是一种由油豆腐填入冬粉，再以鱼浆封口、最后淋上甜辣酱汁的当地限定小吃。出了捷运站漫游到淡水老街上，不乏打着阿给招牌的小店，然而真正的创始老店，却位于距离车站5分钟车程的小山坡上，一条被称为"阿给一街"的真理街。

真理街的另一个别称是"学坊街"，道路旁除了欧人留下的古迹，还连接着淡水中学、淡江高中，到街道尾端的真理大学，串起了多少淡水人的一生学涯。"淡水老牌阿给"的现任老板娘杨惠珠是第二代，最早这间小吃店还只是一间榕树下的小矮房，她回忆道："当年是我的母亲（杨郑锦文）想替这附近的学生做一些能吃得饱的早餐，所以

淡水阿给

供 5 人食用

准备时间: 50 分钟
烹饪时间: 30 分钟

- [ ] 油豆腐 5 块
- [ ] 冬粉 4 人份
- [ ] 鱼浆 200g
- [ ] 油葱酥 20g
- [ ] 酱油 1 碗
- [ ] 糖 1 小匙
- [ ] 米酒 2 大匙
- [ ] 五香粉适量
- [ ] 胡椒 1 小匙
- [ ] 红萝卜四分之一根

卖起了烤吐司与豆浆, 还卖过卤肉饭、咖哩汤。"至于为什么会改卖闻名淡水的阿给, 其实是杨郑锦文一日在传统市场里, 见到一种以油豆腐塞入馅料的小吃, 便慢慢改良出结合了四方形油豆腐、冬粉, 以及在地鱼浆的菜式。当初他们从一天 50 颗开始卖起, 一颗只卖 2 块 5, 许多学生一试成为主顾, 纷纷问起这个新奇的小吃是何方神圣, 受过日本教育的杨郑锦文灵机一动说: "这就是油揚げ (aburaage, 日语的油炸豆皮)。"至此街坊们口耳相传, 最终以日语发音简称"阿给 (a-ge)"二字, 就如此传了下来。从淡水中学毕业的学生们, 踏入职场后仍旧难忘这道早餐, 老牌阿给的名声因此传开。至于捷运开通后, 阿给竟演变为全淡水的知名小吃, 却是他们始料未及的。

如今老牌阿给传到杨惠珠这一代, 她仍坚持着母亲当时的做法, 每天采买淡水海港直运的新鲜鱼浆, 再向豆腐店购买特制厚度的油豆腐, 拌好柔韧的冬粉, 当日现蒸现卖, 天天凌晨五点开门, 下午两点准时收摊。老牌阿给与其他店家不同之处, 在于他们加了红萝卜细末的鱼浆与阿给独门酱汁, 微微带辣的甜咸口味, 覆满淡淡的粉色鱼浆, 一口咬下, 冬粉与鱼浆的软糯之中带有一点油豆腐的扎实, 小小一颗就很有饱足感。老牌阿给没有显眼的招牌, 然而知道的人自然会循一条路来, 找到这家当地人认可的地道老店。若是拜访淡水古迹, 路过真理街食, 只要认明老牌二字, 就知道自己是找对美食地图了。

料理人 // 杨惠珠
地点 // 淡水老牌阿给, 新北市淡水

1 将冬粉稍微洗过，泡水 20 分钟直到软化后取出。

2 泡冬粉的同时，可以先把红萝卜洗干净，削皮切成细末，加入鱼浆之中拌匀备用；鱼浆如果太黏稠可以加一些水调整。

3 把油豆腐中间白色豆腐部分挖出一些，方便稍后放入冬粉。

4 用炒锅制作拌冬粉之酱汁，倒入半杯水、酱油、糖、米酒、胡椒、油葱酥与适量的五香粉，用小火拌炒一下后放凉。

5 取一个大容器，放入冬粉与刚才煮好的酱汁，搅拌直至冬粉均匀上色。

6 将搅拌均匀的冬粉小心塞入油豆腐之中，再用鱼浆封口。

7 把封好的阿给放入炒锅中，以中大火蒸约 25 分钟。

8 蒸好的阿给，可以随个人喜好淋上甜辣酱再吃。

茶油料理

坪林文山包种茶闻名台湾，因而能以一年一采的包种茶籽榨出琥珀色茶油，用它来拌面线，仿若当地山水荟于一碗，淡淡飘香。

古来品茶多与风雅相关，对于爱茶之人来说，追求一壶好茶跋山涉水也不嫌艰辛。如今要买优良的茶叶已有上百种渠道，在台北更是只要搭上一班半小时的直达车，便能亲自到茶乡走一遭。新北市坪林像是台北人的后花园，藏在山峦交错处，这里四季有雨、偶有雾气，丘陵上不时可见小小的茶园，似乎连山岚间都漫着茶香。坪林最有名的是文山包种茶，色泽金黄、茶味清浅，来到这里你不仅可以喝到一口清香，还能品尝到以茶叶入菜的茶油料理。

料理人 // 林月娥
地点 // 福长商号，新北市坪林

福长商号位于坪林老街上小小的福德宫旁，若是周末假日走进店里，还能看见老板娘林月娥与丈夫和孩子们忙进忙出的身影，当地人都称老板娘为阿娥姊。在林月娥的店里，最为人津津乐道的就是用包种茶入味的茶油套餐；一个托盘上摆满了茶叶麻糬、茶叶贡丸、茶油面线与拌饭，加赠一颗 Q 弹的茶冻，只要花张百元（新台币）钞票就能饱餐一顿，老板还会亲手帮你泡一壶热腾腾的清茶。

"坪林之所以能种植出优良的茶叶，应该要归功于这里的好水质。"老板娘阿娥姊是土生土长的的坪林人，娘家就有茶园，她说坪林北势溪位于翡翠水库上游，翡翠水库又是台北地区的最大水源供应源头，因此当地被列为水源保护地。谈及这段背景，她也幽默地说道："生长在这里的孩子们，小时候最常被告诫的大概就是'不要污染水源'了吧。"也许正因如此，用清澈山泉种出的包种茶才会这么清香。

坪林曾经是台北到宜兰的必经之地，然而旅人们多会在这里暂停歇息一下，但并不会久留，直到 20 世纪 90 年代直通宜兰的雪山隧道通了后，坪林的深度旅游开始兴盛，老街因此发展起来。早年林月娥的公公从福建省长乐只身来台，娶了坪林姑娘后便在老街开了这间取自故乡名的"福长"商号，而真正卖起茶油料理，却是到了阿娥姊这一代。"我们家可以说是坪林老街第一间转型做小吃店的。"她如此回忆道，老坪林人常将茶油拿去拌面线吃，简简单单就是一餐，又兼顾了饱足感。福长商号不仅重现出这个古早的味道，还添上了一点点色香味。例如，面中加入红萝卜添色、少许姜末调味，香中带点茶油的微苦，皆为阿娥姊慢慢发想而来的小巧思，味道简单而纯粹，就像她对家乡的喜爱之情。

茶油面线

供 5 人食用

准备时间: 15 分钟

烹饪时间: 5 分钟

- ☐ 茶油 1 瓶
- ☐ 细面线 1 大捆 (4 ~ 5 人份)
- ☐ 萝卜三分之一根
- ☐ 姜 3 ~ 4 片
- ☐ 水 1 锅

1 取一个汤锅煮水，先煮面线。

2 将萝卜切成细丝，并把姜片磨成姜末，备于小碟子上。

3 将面线捞起，置于空锅中稍微放凉。

4 加入切好的萝卜丝与姜末，倒入包种茶油以长筷拌匀，直到面线全部都裹上苦茶油即可。

茶油拌饭

供 2 人食用

准备时间: 20 分钟

烹饪时间: 3 分钟

- ☐ 白米 2 杯
- ☐ 茶油约 2 大匙
- ☐ 香菇素蚝油约 2 大匙

1 将两人份的白米饭用电饭锅煮熟后，分别铺在两个盘子上。

2 以交错的方式，先淋上包种茶油，再淋上香菇素蚝油，分量为 1：1。

3 如此一来，茶香拌饭就简单上桌了。

芋圆

芋圆是台湾特有的甜品，虽兴盛于瑞芳一带，却有几间保有古早味做法的老店藏身于台北市中。一颗颗松软的芋头加入地瓜粉后反复搓揉，切成小巧玲珑的圆片，泡在甜汤里，带给台北人数十载的甜蜜。

吃了几十年的老客人都知道，
要买就要趁早。

龙山商场位于捷运龙山寺站，避开往寺里的观光人潮走向对街的马路，便能抵达。在这里，藏了间拥有超过一甲子历史的芋圆老店，名为周记芋圆。里头卖着的甜品在万华居民口中"样样是真材实料"，店里的木头广告牌上仅写着六种配料：大小红豆、绿豆、芋头、芋圆与汤圆，寥寥数种一卖就是数十载。

周记于草创初期还只是一个小担子，创办人周阿火原本是一位矿工，一心想要自己创业，便跟随一位来自日本的糕点师傅学做甜点，然后独自挑起扁担到万华车站卖起了简单的面茶与芋圆。当年车站附近聚集了很多卸煤碳的工人，对于这种有饱足感又能替一日的辛苦添点甜头的芋圆十分有好感，就这样芋圆小摊子从扁担到推车，又在十多年前迁进了这间商场，如今芋圆传到了第三代周月华与大嫂张琼芳的手上，万华区街道物换星移，但老字号芋圆仍是最传统的那一套古早味做法。

这里的芋圆和瑞芳九份所见的鲜艳圆润外形很是不同，仅0.2厘米的薄度，以及保留芋头纯色的外观是周记的两大特色，这种独特的薄片，让芋圆本身更易入口、更显口感，也较能呈现出芋头的香甜原味。张琼芳说所有的芋圆都是用香甜松软的芋头，靠着手劲与经验加入地瓜粉搓揉出韧度，再细切而成。每日当天限量现做，售完就收摊，虽然营业时间到下午四点半，夏天时却常常两三点便售罄，吃了几十年的老客人都知道，要买就要趁早。

每天凌晨三点天刚破晓，他们便要起床准备煨豆、搓汤圆、制作芋圆。老板娘挑选芋头也是要看时令产季，每年中秋至清明节是用台中的大甲芋头，到了春夏便换作南部产地。"夏天的芋圆因为要考虑到热胀冷缩，要切得比0.2厘米更薄，口感才会好。"言谈之间皆可以感受到他们对自家甜品的坚持。

像是吧台一样的座位区是老板娘与客人闲话家常的地方，桌上摆着的两个铁罐，小的是百草粉，用来添入热甜汤所用，大的则是香蕉油，加进冰品中能呈现出早期香蕉冰的老味道，两者都是如今台北很少见的传统调味料。这些能够唤起台湾人儿时记忆的美好滋味，或许便是周记芋圆隐身市场中，却长年人气不减的原因。

芋圆

供 4 人食用

准备时间：1 小时
烹饪时间：10 分钟

- ☐ 芋头一颗（约 200g）
- ☐ 地瓜粉 300g
- ☐ 二砂糖半包
- ☐ 水一锅

你还需要

- ☐ 擀面棍一根

1 将芋头洗干净，削皮后剁成大块片状。

2 把切好的芋头放入电饭锅或炒锅中，加水蒸约 20 分钟，直到筷子可以顺顺地戳下去的熟度。

3 捞出蒸好的芋头，加入地瓜粉，并用擀面棍将之碾磨搓揉成松散块状，中途可以加一些水增加黏度，直到芋团成形，揉出弹性为止。

4 将成形的芋团搓成细长条状，然后切成宽约 0.2 厘米的片状芋圆。

5 取一锅水，以水与糖 15 : 1 的比例煮好糖水。

6 糖水滚后加入芋圆小火慢煮，煮到芋圆浮出水面后，即能端汤上桌。

小贴士

芋头大致分为水芋（水田种植）与旱芋（旱田种植），种在山上的旱芋则称为山芋；水芋大多一年四季皆可栽种，旱芋则多为一年一采，生长期至少要 9 个月。周记芋圆使用过的台中大甲芋头产季约为每年中秋到来年清明，春夏则为休耕期。在市场购买时，外观较为圆润的多为旱芋，水芋则形状比较椭圆。

料理人 // 周月华（左），张琼芳（右）
地点 // 周记芋圆，台北市

烧麻糬

趁着圆润的糯米麻糬刚起锅，还散发着阵阵温热，老板拿筷子将之快速裹上花生糖粉；这种以热油泡出来的烧麻糬，嚼劲非寻常麻糬能比。

距离大稻埕不远的双连区有一家传统市场，汇集了众多平民小吃。附近一间名为双连圆仔汤的甜品店里，卖着令美食家舒国治赞不绝口的的芋头泥，以及作家焦桐喜爱到写进《味道台北》书里的热油泡麻糬。双连圆仔汤在六十年前搬到双连街之前，被当地人称为圆仔汤冰店，时光倒转回到创店之初，创始人姚荣义夫妇在民生西路旁贩卖着简易的冰品，像是红豆、绿豆、麦片、芋块与西米露，夏天再加上菠萝和汤圆；直到后来他们向一位来自福建的老伯伯，学到了"油泡式麻糬"这样传自闽南一带的传统糯米点心，而这款点心也成为往后数十年的店中招牌。

台湾传统的麻糬通常比较扁平，除了在表面蘸上花生粉或芝麻粉之外，有些人亦会包入花生糖粉作内馅吃。而秋冬时节一到，大家更爱吃刚出炉的烧麻糬，它与香港人口中的糖不甩相近；现磨的糯米团以糖水熬煮后裹粉入口，双连圆仔汤则是先热上一大锅油，泡入圆滚滚的糯米团，麻糬经过热油的洗礼，像是在桑拿房蒸过一样，变得膨膨晶亮，很具嚼感。

双连圆仔汤现任老板姚冠之，自15岁就跟在爷爷身边学习搓糯米团，他回忆起童年时光，当年零用钱几乎都是用"一小时搓出几颗汤圆"这方法换来的。如今他与小弟接下了家族事业，弟弟负责后场备料，弟媳在厨房身兼帮手，姚冠之就负责起现场接单营运。每天固定早上6点起床洗米、泡米，再用石磨磨米，他说："我们家的麻糬用的是纯糯米，不掺一点粉，口感才会这么弹牙。"

料理人 // 姚冠之
地点 // 双连圆仔汤, 台北市

姚冠之凭借手感搓揉出一颗颗大小相仿的糯米团子，轻轻滚入油锅之中，热油维持一定的低温，暖暖地包裹住麻糬，等待糯米团泡熟了之后，他便以筷子熟练地将麻糬捞起，裹上甜滋滋的大桥头手工花生粉，如此一来，膨嫩可爱的烧麻糬就上桌了。在店里点一份烧麻糬，店员会先奉上一杯热茶让你润润口。这里的麻糬有咸甜两种，甜的蘸满花生糖粉，香甜软糯；咸的加上海苔与白芝麻，无须内馅，全凭口感与一颗保留传统做法的心，就吸引来了大量老饕。

家常烧麻糬

供 5 人食用

准备时间：20 分钟

烹饪时间：30 分钟

- [ ] 糯米粉 1 包（约 500g）
- [ ] 市售花生粉 1 包
- [ ] 市售砂糖 1 包
- [ ] 白酱油 5 小匙
- [ ] 辣椒酱少许
- [ ] 海苔片适量

1 将糯米粉加入 150mL 的水揉捏成碎块颗粒状，取一块（约总体的四分之一的量）稍微压平，放入锅中滚水煮熟，制成粿粒。

2 把煮好的粿粒取出，置入刚刚剩余的糯米散块中，揉捏成表面光滑的糯米团。

3 把糯米团搓成数颗，每一颗约 50 克之大小，揉成圆球。

4 取出花生粉与砂糖倒入碗中，将两者搅拌融合，花生糖与砂糖的比例约为 2：1。

5 出于价格与安全性考虑，在家建议以糖水煮麻糬取代油泡式。至此先制作糖水：在锅中倒入砂糖，加四分之一杯水以小火炒至焦糖色；接着加入更多水煮成糖水，水与砂糖的比例约是 1：9。

6 将麻糬放入锅中，以中火煮约 10 分钟，直到麻糬膨胀浮起。麻糬浮出水面大约是七分熟的状态，此时再泡个 3～4 分钟即能捞起。

7 均匀撒上方才调好的花生糖粉，甜蜜的烧麻糬即完成。

8 如果喜欢吃咸的，则可在烧麻糬上淋上酱油、撒上海苔片与少量辣椒酱享用。

腌渍杨桃

杨桃果肉清脆多汁，切开来就像一颗五芒星，被视为夏日消暑降火气的圣品。如今台北有一间兼卖咖啡与杨桃饮品的特色小店，守护着传统的古法，一层白盐一层土杨桃，用最纯粹的手法，制作出老一辈心目中的腌渍杨桃。

熟成的杨桃颜色黄艳、爽脆多汁，如果食用得当，能助消化，也常被引为生津润喉、缓解感冒之用。百年前杨桃传入台湾时仅在北部零星种植，后来种植者发现南部的气候更为合适，产地便渐往彰化、台南转移。也因其降火气的优点，夏季喝上一杯杨桃汁的习惯已经深植许多老台湾人的心中。

西门町的成都杨桃冰在懂行之人中颇有名气，近年来更出现了一间结合咖啡馆与杨桃饮品的小店，就坐落在万华区的西宁南路。此间名为"雨焰商行"的咖啡店是由一对年轻夫妇共同经营，店名也是取夫妻俩的名字谐音；除了咖啡拿铁，这里的杨桃饮品同样受到欢迎。黄彦超说，自家丈母娘也在商行不远处，经营一间专卖杨桃的小店面，名为"阿波伯杨桃汁"，若要追溯起这以杨桃为中心的家族生意，已有七十余年的历史。

第一代阿波伯来自台南赤崁楼一带，他在 1940 年举家迁往台北桥永乐小学摆摊，真要算起来，还早于如今名气不小的西门町成都杨桃冰店。数十年下来，杨桃手艺代代相传到黄彦超夫妇这一辈，如今变成一间咖啡店的招牌饮品，也是当年始料未及的了。

在忙碌的日子里，由黄彦超在外招待客人，妻子就在后场处理腌渍好的杨桃果肉，就这样一步一脚印地在邻里中打出了小小知名度。

雨焰商行的杨桃分为两段工序：先由娘家亲戚以古老的腌法，一层盐巴、一层土杨桃（酸杨桃）地腌渍至少 3 个月，不加甘草粉的味道更显纯粹；待腌好的杨桃送进咖啡店里，便由他们拿起细小的剪刀去蒂、剪丝与切丁，不容马虎。店里的杨桃汁分为咸甜两种，甜的浓郁顺口、咸的则口味偏重，但更适合缓咳润喉。黄彦超谈起自家产品时说道："咸杨桃汁更像地道古早味。"万华区的邻居常常来买一瓶回家，自己加蜂蜜兑水喝。嗜甜的人则可以试试他们近年来发展出来的"凤桃汁"，果汁以手工腌渍的凤梨大大中和了腌杨桃的咸度。若是到了夏季，不妨点上一碗沁凉的杨桃冰，现磨的碎冰淋上杨桃甜汤，再放上腌渍好的清脆杨桃，果肉在冰里更加弹牙，酸甜中略带微咸的好滋味一下子就能带走炎炎夏日的暑气。

料理人 // 黄彦超
地点 // 雨焰商行, 台北市

古早腌杨桃

供 8 ~ 10 人食用

准备时间：一个星期
制作时间：5 分钟

☐ 杨桃 4 颗

☐ 盐一包

你还需要

☐ 密封罐

☐ 透明塑料膜（封口用）

1 将杨桃洗干净后去除头尾蒂头与硬边，再依照形状切成五瓣，备于一旁。

2 拿出密封罐，以一层杨桃、一层薄薄的盐巴之方式，层层叠叠地放入杨桃，直到放至罐顶，便向下压实，然后套上透明塑料袋（膜）转上盖子封口，静置于阴凉处腌至少一星期。

3 取出腌好的杨桃密封罐，打开盖子并将杨桃表面浮出的白色结晶去除。

4 腌好的杨桃片与杨桃汁，可以自行兑水加入蜂蜜、乌梅汁或各类甜饮享用，生津养喉。

苑里
大湖
大
后里
安
大
溪
甲
和平
清水
溪
6
台中 1
14
和美 4
10
彰化
秀水
国姓
福兴
埔盐
乌
8
溪
草屯
埔里
芳苑
南投
大城
竹塘
3
溪州
集集
油
11
二水
水里
水
日月潭
西螺
溪
12
2
竹山
鹿谷
7
云林
信义
15
北港
大林
9
13
东石
嘉义
嘉义市
5
布袋

台
湾
海
峡

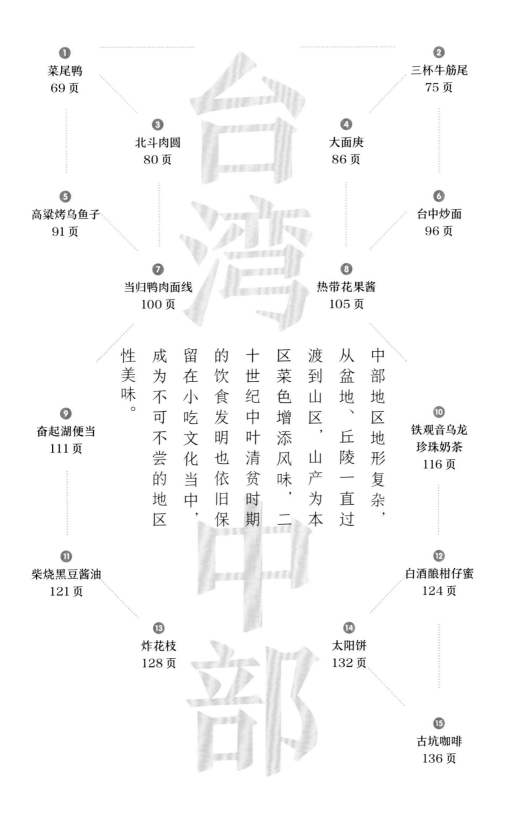

中部地区地形复杂，从盆地、丘陵一直过渡到山区，山产为本区菜色增添风味，二十世纪中叶清贫时期的饮食发明也依旧保留在小吃文化当中，成为不可不尝的地区性美味。

菜尾鸭

期待着爸妈带回外烩剩下的残羹冷饭为下一餐加料，是不少老一辈台湾人的童年记忆，清苦年代已经过去了，饭桌上早已不缺鱼肉，可新一代年轻人复刻的老菜肴，却仍能让你吃到二十世纪的味道。

西鲁肉和菜尾都是传统台菜中以"混搭"为特色的大菜，前者风行于宜兰，西鲁两字乃日文"汁"（しる）的音译，以白菜为主角，汤底用干虾米熬成，加上鸭蛋液炸熟的蛋酥后上桌；后者以台中最多，菜尾在闽南语中意指吃剩的菜肴。旧时农村婚丧喜庆请外烩，饭桌上吃得都比一般家庭好，宴席结束后，贴心的主人会将来客吃剩的菜肴混合打包，分送给邻居亲友隔日加热享用。连汁带汤的隔夜菜肴在炎炎夏日因发酵带点酸味，在艰苦岁月里却是佳肴。现时温饱和保鲜早已不成问题，可不少上了年纪的台湾人提到菜尾还是念念不忘，大概因为童年记忆才是最好的调味料。

80后的刘俊宏就是其中一位，自称"40不到，身体里却住着个老人"的他在太平开了家怀旧主题餐厅，融合了西鲁肉和菜尾特色，自创"菜尾鸭"为招牌菜，试图让不知农村为何物的台湾90后、00后一尝昔日的台湾味道。"台湾中部开发得很早，但因为山地丘陵多，山里还是有不少好食材，开发新菜可以往这方向找。"太平位于台中盆地的东麓，邻近乡镇多为重要农产区，给了刘俊宏最大的挥洒空间，细数他的菜尾鸭食谱，犹如摊开一张中台湾农产地图：以红面番鸭当主料，来自大甲的芋头、花莲的金针花、竹山的笋干、新社的香菇，还有产自中部山区的高山大白菜，都是全台湾叫得出名号

菜尾鸭

供 6～8 人食用

料理鸭子：
4 小时（另需静置 3～6 小时）
烹饪时间：半小时

主料

☐ 1 只鸭

☐ 2000 克大骨高汤

配菜

☐ 大白菜 8 两

☐ 金针花 1 两

☐ 木耳 2 两

☐ 金针菇 1 两

☐ 鹌鹑蛋 5 颗

☐ 芋头 5 颗

☐ 鱿鱼 1 两

☐ 豆腐 1 两

☐ 五花肉 2 两

☐ 笋干 4 两

☐ 香菇 1 两

☐ 鳊鱼酥少许

☐ 蒜头 3 两

* 台湾 1 斤为 600g，16 两为一斤，约合 37.5g

点缀

☐ 芹菜 1 段

☐ 油葱酥少许

☐ 鸭蛋 1 颗

☐ 蒜苗 1 根

调味料
（随喜好添加）

☐ 盐

☐ 味精

☐ 蚬汁

☐ 糖

☐ 白胡椒粉

的地方农特产, 而仿自西鲁肉的蛋丝, 则来自自家农场出品的鸭蛋。

复刻旧时代的菜肴, 抓住"台湾灵魂"是首要任务, "干鱿鱼、扁鱼、虾米, 这三者是老台菜必不可少的滋味。"刘俊宏说。为了熬出鲜美的汤头, 先以滚油将鸭子炸到通体金黄, 放入其他食材后, 蒸笼蒸满一个小时, 再以炭火焖上两个小时, 直至鸭骨的味道都融进汤中才熄火, 最后一道工序, 则是静置在常温数小时发酵, 方显"菜尾"本色, 通常会等到隔天才食用。食用前只要再加热煮滚, 撒上白胡椒和蒜苗就可食用, 之所以最后撒上蒜苗, 除了它的气味能盖过鸭肉的腥味以外, 还能提鲜。

经过充分熬煮, 这道菜的精华都在汤里, 连菜带汁浇上两匙, 可以连吃三大碗白饭。刘俊宏这样形容这道菜对于台湾人的意义: "吃菜尾鸭, 吃的是回忆, 小时候阿公(爷爷)阿嬷(奶奶)又把前一天的、大前天的隔夜菜混合, 大概就是这种味道。"如果想借由食物来场穿越时空的旅行, 菜尾鸭是一道不可错过的中部美食。

小贴士

由炭火焖煮完的菜尾鸭到底放多少时间全凭经验。一般来说, 熄火后放到常温需要 3 小时左右, 若是夏天, 会在室内再静置 6 小时, 之后放入冰箱待食用, 冬天则时间更长, 温度低时会在室内放上一整天。

料理鸭子

1 番鸭洗净, 去内脏后备用。

2 油锅烧滚后丢入番鸭油炸 4 ~ 5 分钟, 至鸭身金黄后捞起。

3 将大白菜、金针花等配菜洗净切好备用。

4 大骨高汤以水煮滚后放入全鸭和配菜, 适当调味后放入蒸笼蒸煮 1 小时。

5 将菜尾鸭从蒸笼中取出, 改以炭火焖煮 2 小时。(若无炭火, 以煤气灶替代)

6 菜尾鸭静置数小时, 或放入冰箱使之更入味。

准备上桌

1 食用前, 将菜尾鸭放置煤气灶上, 重新加热。

2 加热菜尾鸭, 同时, 做鸭蛋酥。在炒锅内加入大量油, 生鸭蛋打入碗内搅匀, 油热了以后将蛋液倒在有洞的大勺子上, 勺子前后晃动, 让蛋液平均分散地倒入油锅里。

3 蛋下锅后, 以筷子稍微将蛋块分开, 炸到蛋从金黄转咖啡色时起锅备用。

4 蒜苗和芹菜洗净切成末。

5 菜尾鸭煮滚关火, 加上蛋酥、蒜苗和芹菜末, 撒白胡椒粉食用。

业者 // 刘俊宏
地点 // 彭城堂台菜海鲜餐厅, 台中

三杯牛筋尾

自产自销的温体牛肉加上传统台菜技法，开发出了新式三杯料理，百嚼不厌的牛筋和牛尾将酱汁的功效发挥到极大值，色重油浓，还有令人回味的九层塔香。

出于对牛肉的热爱，原本担任工程师的张志名从科技业投入畜产业，回到老家云林养牛。台湾牛肉自给率并不高，他所经营的芸彰牧场的牛除供应其他餐厅外，自己也在附近开了家餐馆，只卖牛肉，不卖其他肉。

新鲜，是芸彰牧场最大的竞争优势。"做我们这一行，像跟时间赛跑。"张志名说，现在台湾温体牛已经可以做到40分钟内完成从屠宰、肢解到切成片的一系列处理，而牧场离餐厅只要20分钟车程，如果食客在中午11点芸彰刚开店时来到，入口的很可能是当天早上9点才宰杀的牛只，这就是本地牧场的优势。

研发一道牛肉料理并不容易，还是餐饮新人时，张志名采用土法炼钢的方式，拆解一头牛，和掌勺师傅边吃边讨论，仔细品尝各部位的特色再决定如何料理，出菜后还随时听取食客反馈再做调整。经年累月不断练习，他成为牛肉专家，现在只要看到一块肉，就知道好不好吃。

看菜单就不难窥见张志名的决心，他想做的正是具台湾特色的牛肉专卖店，例如卤牛肉饭、麻油牛腰子、盐酥牛肋条、五更牛杂、三杯牛筋尾分别是从卤(猪)肉饭、麻油(猪)腰花、盐酥鸡、五更(猪)肠旺、三杯鸡这5道料理蜕变而来，都是传统台菜技法的崭新应用。

三杯是台湾常见的料理方式，用一杯米酒、一杯酱油加上一杯麻油，以小火将主料煨熟，色重油浓，香气馥郁。一般三杯料理多和鸡肉或者中卷(鱿鱼卷)搭配，芸彰牧场选择了用牛筋和牛尾表现三杯特色，牛筋和牛尾来自18～24个月大的阉公牛，因为牛肉不易熟软，需要先炖煮数个小时再入锅，与酱汁以及香料拌炒。

其中，九层塔是最重要的调料。"这是三杯的灵魂。"张志名说，芸彰的师傅在炒三杯牛筋尾时，并不在炒锅内放九层塔，而是起锅后再丢入新鲜叶片，让食物的热气将生叶焖至半熟，上桌后掀开锅盖马上搅拌，使九层塔的香气均匀渗入整道菜，加上姜、蒜和辣椒的香气，气味相当有层次。牛筋、牛尾都以有嚼劲著称，所以这道三杯牛筋尾吃起来除了充分的色、香、味体验，还有蘸着酱汁大口咀嚼、越嚼越有味的爽快。

三杯牛筋尾

供 4 人食用

准备时间: 30 分钟

烹调时间: 70 分钟

- ☐ 牛尾 200g (请店家处理好,
  去除毛并且切成段)

- ☐ 牛筋 200g

卤牛筋牛尾

- ☐ 八角 1 颗

- ☐ 香叶 1 片

- ☐ 大蒜 2 瓣

- ☐ 冰糖 2 小匙

- ☐ 酱油 4 大匙

三杯牛筋牛尾主菜

- ☐ 大蒜 10 瓣

- ☐ 姜 10 片

- ☐ 酱油 2 大匙

- ☐ 麻油 2 大匙

- ☐ 米酒 2 大匙

- ☐ 红辣椒 1 根

- ☐ 九层塔 40g

卤牛筋和牛尾

1 在大锅内放入 1000 毫升冷水、牛筋和牛尾,水煮滚后大约 5 分钟将牛筋、牛尾取出,锅内水倒掉,大锅洗净。

2 汆烫好的牛筋、牛尾一起入锅,加入八角、香叶,以及 2 瓣大蒜,4 大匙酱油、2 小匙冰糖,放水至淹过牛筋牛尾后,开火焖煮。

3 水滚后关小火,盖上锅盖持续焖煮。1 至 1 个半小时后开锅检查,待到牛筋已经开始软烂,但仍保有弹性,从锅中取出。

4 继续炖煮牛尾。大约炖煮 3 小时后开锅检查牛尾,在牛尾已经软到可以被一口咬下,但尚未酥烂时从锅中取出。其间注意水量,避免烧焦。

5 完成后将牛筋切块。

三杯牛筋牛尾

1 焖煮牛筋、牛尾时,准备三杯配料。取 10 瓣大蒜去皮,姜洗净切成片,红辣椒和九层塔洗净备用。

2 取炒锅,灶台上开大火,放入麻油,油热后加入姜片和红辣椒爆香。

3 姜片炒至卷曲状后放入大蒜,炒出蒜香,在锅内放入 1 小匙白糖,稍微拌炒。

4 把卤制好的牛筋和牛尾一同放入炒锅内,加入 2 大匙酱油和 2 大匙米酒,大火拌炒至收汁。

5 准备一只小砂锅,先在灶台上烧上火预热 1 分钟,三杯牛筋尾起锅后放入小砂锅,上头铺上九层塔,盖上锅盖。

6 三杯牛筋尾在小砂锅内焖 1~2 分钟后,开锅充分搅拌,让调味均匀后食用。

北斗肉圆

肉圆也许是台湾人最说不清、道不明的一味小吃。走遍三百多个乡镇，似乎再偏远的地方，都能找到几家肉圆摊，用料各有不同，充分体现了小小的台湾岛上也有显著的南北差异。

在台湾旅行，"地名＋肉圆"的小吃招牌随处可见，从北到南数一遭：九份、新竹、沙鹿、南投、北斗、彰化、台南、旗山、屏东，肉圆都是地方代表小吃，最经典的做法是在淀粉皮内包裹猪瘦肉、笋丝或者笋干，随地域或有"变体"：台南肉圆常以虾仁为主角，新竹和新北的九份则以红糟肉为馅，还有些地方加上栗子、香菇。

再说烹调方式，大抵上说来以八掌溪（台南市与嘉义县的界溪）为界，南清蒸北油泡，以彰化为代表的中北部肉圆在蒸熟后放进热油中烹煮，温度控制在 80℃ 左右，出锅的肉圆皮相当有嚼劲，热油和酱料融为一体，口感浓重馥郁，部分店家油温更高，已经不是油泡肉圆而是油炸肉圆，略呈金黄的

表皮入口酥脆是最大卖点；以台南为代表的南部肉圆味道清淡，讲究的是外皮软中带点弹性的口感，拥趸亦众，这么多年来，始终没有一款肉圆真正一统江湖。

一般以为，台湾肉圆起源于彰化县北斗，这个紧邻东螺溪，19 世纪曾经繁华一时的小镇在铁路兴起后失去了枢纽地位，如今还能激起水花的只有闻名遐迩的小吃。信仰中心奠安宫方圆数百公尺内就有超过 10 家肉圆摊，肉圆詹是不少当地人心中排名第一的老店，不分时段门口总是人潮涌动。这里肉圆的个头比其他家肉圆来得小，呈三角形，一份 2 粒，上头还有手指捏过的痕迹。

"我们的肉圆是纯手工做的，前一天先腌肉，

料理人 // 刘珈吟
地点 // 肉圆詹，彰化

肉　圆

供 2 ~ 3 人食用
（制作 6 颗肉圆）

准备时间：1.5 小时，
腌制猪肉另需 8 小时
烹饪时间：20 分钟

肉圆皮

☐ 在来米粉（黏米粉）120g

☐ 地瓜粉 240g

☐ 水 180mL

馅料

☐ 猪后腿肉末 200g

☐ 竹笋 150g

☐ 白糖 1 小匙

☐ 酱油 3 大匙

☐ 五香粉 1 小匙

☐ 黑胡椒粉 1 小匙

☐ 油葱酥少许

酱料

☐ 水 240mL

☐ 豆豉 2 大匙

☐ 白糖 2 小匙

☐ 辣椒粉 1 小匙

☐ 新鲜辣椒 1 根

☐ 在来米粉 1.5 大匙

隔天早上在工厂里炒料、调米皮，把肉圆包好蒸熟，再拿到店内油泡。"跟着店长刘珈吟造访距离店铺只2分钟脚程的"工厂"，其实就是比寻常人家大了两三倍的厨房，3位妇人熟练地将米粉浆舀入碗中，放入馅料后再熟练地以手挖出捏成形待蒸煮，边工作边聊天，很有农业时代工作时兼话家常的氛围。

开业30多年，肉圆詹依旧维持小作坊的经营形态，囿于人手有限，他们没想过对外营销，也不想扩大经营，每日兢兢业业地制作这限量1200颗的肉圆，卖光了便提早打烊。"肉圆皮用地瓜粉和在来米粉调成，比例要对，口感才会好。"刘珈吟说，肉圆口感要好，内馅得选择最结实的猪后腿肉，

腌渍一整晚后再炒香，被视为秘方的淋酱以豆豉、白糖和辣椒调制，和坊间肉圆摊的甜辣蘸酱滋味很不一样。有意思的是，腌渍时用手揉捏酱料和猪肉，这动作被刘珈吟笑称是"帮猪肉按摩"，不知道是不是按摩起了作用，肉圆詹最为食客称道的一点，就是以黑胡椒腌渍的肉馅口感弹牙，和酱汁米皮一同下肚，又香又辣，非常过瘾。这间谨守自身步调，总是不疾不徐的小镇老铺陪伴一代北斗人长大，让人一想到北斗，心中涌现的就是富含弹性的米皮、猪肉混杂着胡椒、豆豉的绝妙滋味。

肉圆

1 猪肉末放入碗中，加入五香粉、糖、酱油、黑胡椒粉，拌匀后轻轻揉捏，放入冰箱静置8小时。

2 将水和在来米粉混合成米浆，然后加入太白粉，以手来回搅揉至呈现黏稠状。

3 笋洗净切丁，和腌好的肉馅混合为肉圆馅料。

4 油葱酥爆香后加入馅料，以大火热油快炒馅料至半熟后盛出放凉。

5 以勺子盛出外皮粉浆平铺肉圆容器底部（若无专用容器，可以饭碗替代），再舀一勺内馅放入容器内，内馅分量依个人喜好可增减，但以不超出容器为准。

6 用汤匙将粉浆慢慢铺在容器上，直到看不见内馅，肉圆外皮呈圆弧形，然后以手将肉圆捞出。

7 将包好的肉圆放入蒸笼，100℃蒸15分钟至外皮半透明状即可。

8 锅内放入大量油，油热后放入肉圆转至文火，大约5分钟待肉圆浮上油面即可起锅，淋上酱汁食用。若能撒上一些蒜苗末或者香菜末，味道会更好。

小贴士

肉圆詹的猪肉会腌上一整晚，但一般在家中烹调，肉末只要充分与酱料混合，30分钟左右便可入味；若买不到鲜笋，可以大头菜替代。

酱料

1 以食物处理机将辣椒和豆豉打成泥，放入一只小锅中，加入白糖、辣椒粉以及在来米粉。

2 水分批缓缓加入锅内，边加边搅拌（最好使用打蛋器），一直到锅内米粉和酱料溶于水，成为一锅米浆为止。

3 小锅放上煤气灶，开火加热，其间不断以打蛋器搅拌，使米浆不至粘锅。随着温度升高，米浆会越来越黏稠，一直到米浆煮滚冒泡后，把打蛋器拿出锅，然后熄火。

大面庚

光复后的贫困年代，台中人发明了在面中加入碱面的制面技术，做出来的碱面既粗且肥，还方便保存，哺育了一代又一代台中子弟。从此以后只要提及台中小吃，人们首先映上心头的便是那碗黄澄澄、飘着碱味的浓汤。

作为华人地区面食的一员，大面庚是极其特别的存在，和日本乌冬面粗细相若，通体正黄色，爱者一吃上瘾，嫌者敬而远之，于是在台湾中部成了绝佳地域试金石。来台中，见了几位新朋友，要判断对方出身先问早餐吃什么，如果答案是大面庚，不用想了，绝对台中人，土生土长的。

大面庚常被写为"大面羹"，汤又浓稠，乍一看实在像极了勾芡的闽南羹汤，殊不知音同意义却大大不同，"庚"字是闽南语"碱"的近声字，可以想见大面庚最独特之处——从面到汤，扑鼻而来的一股碱味。这是清寒时代的产物，台湾光复初期物资馈乏，为了喂饱台中地区的苦力们，在制面过程中加入碱让面体膨胀，期待用更少的食材养活更多人。最早的大面庚由小贩挑着担子兜售，碗里除了汤和面几无他物，但一开锅热气蒸腾，光看胖嘟嘟的面条就先饱了一半，颇有画饼充饥的意味，为旧时代做了见证；加碱另一好处是防止面条发酸，在冷冻设备缺乏、交通不便的情况下让湿面更容易保存，成本低、易饱足，还耐放，大面庚能在半世纪前风行台中，就一点也不稀奇了。

　　台中北区英才路上的大面庚就是经营逾50年的老店，最早由创办人陈杨锦沿街叫卖，生意一直不错，第二代接手后，店面便"落户"英才路，成为台中最著名的大面庚之一。如今第三代店主、90后的陈冠颉已经逐渐接手，可神奇的是，历经近一甲子岁月，大面庚的配方竟然完全没有改变。"只加油葱酥和韭菜，从阿嬷（奶奶）开卖时便是这样。"陈冠颉说，英才大面庚的做法很简单，生碱面以滚水煮上40分钟，将面中的碱味和淀粉充分释出到汤里，这碗饱含淀粉的烫面汤却不倒掉，黄澄澄的一碗直接端上桌，只简单加酱油调味，再放入几叶韭菜、少许红葱酥而已。

　　舀起一勺，先是闻到浓重的碱味，久煮的面汤相当浓稠，先轻啜确保不被烫着，稍微大口一些，碱面已然猝不及防地滑进嘴巴里，口感相当滑顺，而汤头主要来自酱油、红葱酥和碱面，三者融合，滋味竟颇为鲜美。不能不说是贫困时代的恩赐——因为不愿浪费，索性将煮面汤当高汤用的饮食习惯相当符合台湾20世纪中叶粗糙而富有活力的生命状态。英才大面庚一碗30元新台币（大约6元人民币），烧肉、虾卷、炸豆腐等小食单价亦不过50元新台币，口味还相当好。

　　生碱面在台中以外的台湾市场也不多见，得到当地才买得到，而台中几家最出名的大面庚最显著的差别就是面条的口感，最大变因是烹煮时间，不同店家各有定见，陈冠颉说，英才的烹煮时间只在40分钟左右，碱面入口仍有嚼劲，他本人也喜欢Q弹的面条。其他店家则可能煮上一个半小时，直至面条软烂为止。软硬由得煮面人，食客要做的不过是各寻所好而已。

大面庚

供 2 人食用

准备时间: 10 分钟
烹饪时间: 40 分钟

- [ ] 生碱面 300g
- [ ] 酱油 2 大匙（可依个人口味调整）
- [ ] 油葱酥 2 大匙
- [ ] 韭菜 2 根

业者 // 陈冠颉
地点 // 英才大面庚, 台中

1 水烧开后放入碱面,滚煮40~50分钟。

2 韭菜洗净后切成3cm左右的段,备用。

3 将煮好的碱面连同面汤捞至碗内。加入酱油、油葱酥、韭菜后,即可食用。

小贴士

在自家煮大面庚,最怕的是碱面需要久煮,火稍大,碱面粘在一起就烜了,所以务必随时翻搅,并随时注意水量,一般建议面与水的重量在1:10左右,依烹煮情况随时调整。台中各家大面庚除了滚煮时间不等以外,配料也有些许出入,英才只加了韭菜和红葱头,不过闽台一带极具代表性的红葱头、虾皮、萝卜干和肉臊也是大面庚的常见配料,可自行酌量添加。

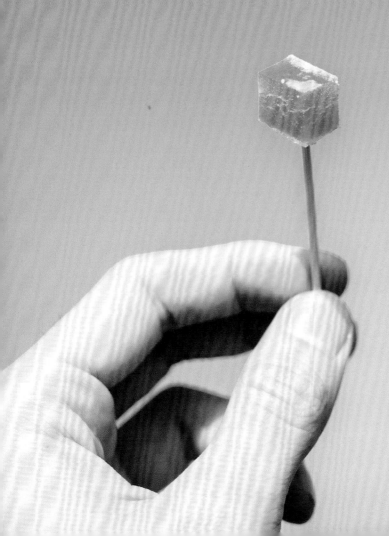

高粱烤乌鱼子

乌鱼子制作过程繁复且需要人工全程盯哨，真可用千锤百炼来形容。上好的乌鱼子和另一台湾特产金门高粱酒是绝配，稍微烘烤后香气远飘，外酥内软的海味有多鲜美，吃过才知道。

每到冬季，
嗜海鲜的老饕们
就开始蠢蠢欲动，
因为一年一度的
乌鱼季来了，
新一批乌鱼子也不远了。

业者 // 林笃毅
地点 // 林家乌鱼子，嘉义

林笃毅的乌鱼子店铺开在嘉义东港，在台湾农渔界相当知名。从小在鱼塭长大的渔家子弟，一身功夫都从父母那里学来。不一样的是，看着双亲辛苦将乌鱼养大却只获得微薄报酬的林笃毅在 10 多年前从养殖端延伸到利润更丰厚的加工产业，开始摸索乌鱼子制作工艺。

乌鱼在台湾之所以被称为"乌金"，就是因为乌鱼子价格奇高，堪比海中之金矿。养上 3 年熟成后取下鱼卵，先用汤匙刮掉血块，按重量分类后抹上盐巴，重压大约 1 小时后以水清洗干净，沥干后铺在白布上进行第二轮压制。为了能让每片乌鱼子受力均匀，林笃毅设计了每片 60 公斤的长方水泥块，每天加上 1 块，最多 4 块，压制完成后再放到室外暴晒太阳，持续 10 天，橘黄色的鱼卵颜色转深，质地结实。

这些工序，是林笃毅夫妻花上整整 5 年研究出来的，任一环节出错，都可能严重影响质量。腌渍用的是特别挑选过的进口盐，除了咸味还能尝到些许甘甜，日晒过程高度依赖经验判断，需要严格

把关，鱼卵富含蛋白质，在太阳下暴晒过久可能会变质，空气里湿度太高则会长霉，一有差池就是整批报废，所以日晒时一但察觉湿度上升，还远不用等到飘起雨丝，便像蚂蚁搬大饼一样，火速把乌鱼子移到室内冷藏。逢天气晴朗时也轻松不得，暴晒中的乌鱼子得每小时翻面才能受热均匀，过程中频繁使用棉布将多余的油脂和盐分擦干净，如此反覆千百次，相当烦琐，可正是这些小细节决定了乌鱼子的质量。"晒好后捏起来软硬适中，手感很好。"林笃毅说，上等乌鱼子不但好吃而且好看，艳阳下呈琥珀色，还透点光。

那么，怎么吃呢？他提供了个极简单却能充分释放乌鱼子美味的方法：先以高度酒浸泡数分钟将香气逼出，然后拿到火上烘烤，不到一两分钟，鱼子内的油脂已经"哔啵哔啵"作响，香气四溢，烤后切片蘸点椒盐入口，外酥内软，滋味极鲜，稍加咀嚼，厚重的海味充盈口腔内，令人回味再三。一年的等待，果然没有白费。

高粱烤乌鱼子

- ☐ 乌鱼子 1 片
- ☐ 58 度金门高粱酒 1 瓶
- ☐ 铁夹子 1 只
- ☐ 打火机
- ☐ 少许椒盐

1 检查乌鱼子表面，若有薄膜，将之剥除。

2 找一只浅盘放入乌鱼子，倒入少许高粱酒，浸泡 2~3 分钟，其间将乌鱼子翻面，使两面都充分沾到高粱酒。

3 找一只小瓷碗或铁碗，倒入 10 毫升左右高粱酒。

4 以打火机点燃小碗内的高粱酒，夹起乌鱼子在火上烧烤，烤时需频繁翻面，尽量让各处均匀受热，直至乌鱼子黄色微焦。

5 烤好的乌鱼子在室温静置 1~2 分钟，先对半切开再切成小片，蘸少许椒盐食用。

小贴士

乌鱼子加热后会变软，刚烘烤完不是很好切，一般建议稍微放凉再切片，林笃毅推荐切成约 1.5 厘米见方的丁状，或者斜切成 3~4 厘米长片，口感最好。

台中炒面

和小吃摊老板寒暄两句，再要盘炒面、一碗猪血汤，慢悠悠地嚼完再上工。台中人吃的不只是面香卤肉香，还是当其他城市上班族早起又贪黑，你却能钻进闹市饱尝烟火气的从容自在。

为什么台中人早餐总吃炒面？这个问题恐怕连台中人自己也无法回答，不过，千万别轻易质疑炒面在台中早餐圈的地位。几年前，一位台湾作家在文章中提出"台中早餐文化为何如此贫弱？"的疑问，舆论立马炸开了锅，作家面对台中网友排山倒海的炮轰不得不再度发文自辩，无奈越描越黑。最后连原本"干卿底事"的台中市长都亲上火线，以大家长的身份在社交网站上推荐早点清单，试图证明台中不但有早点，而且好吃得不得了，其中重点护航对象，就是台中的炒面文化。

习惯了豆浆加蛋饼、三明治配奶茶当早餐的台北人显然会嫌大清早就吃炒面太油腻，不过一盘炒面、一碗猪血汤，面上淋几滴"东泉辣椒酱"，确实是台中早餐的标配。当地人自豪地说，作为台湾第二大都会，台中最可贵之处不在于繁华不落人后，而是有着台北远望而不可企及的悠闲，这份悠闲体现在所谓"台中步调"里：起床后慢悠悠地钻进早市，吃饱喝足后抹抹嘴，再开始一天的行程。台中市中区的第二市场、南区的第三市场，以及中西区的第五市场是最能体会台中饮食文化的美食高能区，第五市场内的"来坐炒面"就是一家极具代表性的台中炒面摊。

才过清晨6点，孪生兄弟余文豪、余文彬就站在台中第五市场内的摊位前，"你好！""来坐！"，热情地招呼来往行人，这家炒面摊创业已近40年，兄弟俩退伍后从父母手中接下经营权，至今已经陪台中人走过20年。炒面所用的面条是台湾常见的油面，在制作时加上些微碱，呈淡黄色，面制成后先放入滚水汆烫，起锅后淋上沙拉油或花生油拌匀以防止面条粘连，因为是熟面，烹煮时间短，极受庶民小吃店欢迎，"面要好吃，最重要的是源头。"余文彬说，供面的厂商已经合作多年，来坐炒面用量大，特别交代将面做得粗一些，能避免二次烹煮后软烂，余文豪则强调即便是平价小吃，食材也不能偷工减料，"新鲜卡（最）重要。"他说，台中炒面的经典做法是将葱花、韭菜等配料爆香以后加入油面翻炒，出锅后淋上卤肉酱，搅拌食用。而来坐炒面最为人称道的，是除了卤肉香以外还吃得到菜香、面香，面条还弹牙，这自然得靠老板以铁锅快炒时，火候把握到位了。

余文彬提醒，别忘了让炒面画龙点睛的东泉辣椒酱，这是仅此一家别无分号，最受台中人喜爱的辣椒酱品牌，淋上几滴，才是最正宗的台中炒面。别看它红得张牙舞爪，入口却相当温驯客气，仅止步于微辣。市场里的一碗面，这就是老台中人记忆里，最经典的台中味道。

料理人 // 余文豪（左），余文彬（右）
地点 // 来坐炒面，台中市中西区

台中炒面

供2～3人食用

准备肉酱：3小时
炒面：15分钟

炒面

- ☐ 油面 800g
- ☐ 虾皮 10g
- ☐ 葱白 1根
- ☐ 韭菜一小把
- ☐ 红葱头 25g
- ☐ 红萝卜 40g
- ☐ 高丽菜 2片

卤肉酱

- ☐ 水 500mL
- ☐ 红葱头 25g
- ☐ 蒜头 15g
- ☐ 糖 20g
- ☐ 酱油 50mL
- ☐ 酱油膏 100g
- ☐ 五花肉 500g

卤肉酱

1 五花肉放入滚水中汆烫5分钟后捞起，放置凉后切成小于1立方厘米的肉丁备用。

2 红葱头和蒜头切成末，入锅以油爆香后加入500毫升水，再将酱油、糖、酱油膏等调料一起放入搅拌，以大火煮滚。

3 将五花肉丁倒入水中，水滚后转小火，炖煮2小时左右关火。

炒面

1 蔬菜洗净，葱白切成葱花，韭菜切成3厘米左右的长段，高丽菜和胡萝卜切丝备用。

2 铁锅烧热放油，将葱花、韭菜、虾皮等炒料放入锅内爆香，再放入油面，翻炒约5分钟后起锅，淋上卤肉酱以及东泉辣椒酱后食用。

当归鸭肉面线

位于台湾中部的云林是台湾最重要的家禽生产地区，鸭子产量占全台三分之一，红面番鸭产量更多达一半。虽然鸭料理在台湾各地都很常见，但从原料供应的角度来说，在云林吃鸭肉，无疑最新鲜地道。

魏聪海的父亲 70 年前便开始在云林县土库的妈祖庙前卖起当归鸭肉,从一小摊位到入住店铺,始终维持着以家族为核心的经营模式。人称"阿海师"的他在店门口剁鸭肉,媳妇穿堂而过招呼往来食客,儿子守在料理台,掀开锅盖舀起一碗汤,热气蒸腾,当归气味四处飘香。

当归鸭肉面线是店内招牌,台湾民间冬令进补风气兴盛,每逢寒流来袭、冬至前后,药膳摊前总是人声鼎沸,当归鸭就是最常见的药膳料理。但其实,几为热带地区的云林哪里有寒冬呢?为了御冬而进补,不过是饕客的借口罢了,渐渐地,人们意识到除了食疗,讨好舌胃是更要紧的工作,吃当归鸭于是变得四季皆宜,而当归、黄芪等药材加上鸭肉炖出的汤,确实久吃不腻。

几十年前从父亲手中接过店铺后,魏聪海从菜鸭改卖肉质更鲜、不易干涩的红面番鸭,挑选鸭只也有一套标准,"我们只挑生长期85天至90天的鸭只,熟度刚刚好,90天以上的鸭,肉通常就没那么鲜甜了。"为了口感,鸭肉和鸭汤得分开处理,先以整鸭入锅,文火炖煮后捞起切块去骨,剩下的汤继续和骨头、鸭头、当归以及其他中药一同慢熬。为了确保汤头够味,魏聪海一律以整支当归下锅熬煮,从不切片,经过3~4个钟头后才熄火,炖出的汤头清甜,气味相当有层次。

和鸭肉、当归汤相搭配的红面线则是台湾独有,制作过程有些出人意料:白面线晒干后,经过8小时蒸制,淀粉因高温逐渐转为黄褐色,面粉里的面筋形成更稳定的结构,让红面线不但远比一般面线耐煮,吃来也更有嚼劲,闻来还有微微焦香味。

这样的手工红面线除了如魏聪海说的"就像橡皮筋一样有弹性",也的确是鸭肉的最佳拍档,在鸭骨熬出的汤汁中蘸几下面线吃进嘴里,再夹上一大块鸭肉,不论季节,吃来都很过瘾。

当归鸭肉面线

供 12 人食用

准备时间:1 小时
烹调时间:5 小时

- [ ] 红面番鸭 1 只
- [ ] 手工红面线 500g

中药包

- [ ] 当归 6 钱
- [ ] 黄芪 2 钱
- [ ] 桂枝 1 钱
- [ ] 川芎 2 钱
- [ ] 肉桂 1 钱
- [ ] 红枣 15 颗

    *1 台钱为 3.75 克

调料
(依个人喜好酌量添加)

- [ ] 嫩姜 1 块
- [ ] 米酒适量
- [ ] 盐少许
- [ ] 香油适量

1 鸭只洗净,去除头、内脏备用。

2 中药装成袋,备用。

3 烧大约3000mL水,水滚后放入鸭只和中药包,中火炖煮约40分钟。

4 捞起鸭只,切块、去骨,备用。

5 将鸭骨、鸭头等部位放入汤内继续熬煮大约4小时,至鸭骨精华熬至汤内。

6 另烧一锅滚水,丢入手工红面线,大火滚煮5分钟后捞起,也可在滚煮时捞起一两根面线尝试,若已经煮熟口感恰当,马上捞起。

7 煮面线的同时,准备作料。嫩姜洗净切成细丝,装在盘内备用。

8 面线放入碗中,加入盐巴,摆上鸭肉,淋上炖好的汤头,可依个人喜好加入数滴米酒、香油,以及姜丝。

料理人 // 魏聪海(左二)
地点 // 阿海师当归鸭肉面线,云林

热带花果酱

如果曾在采收季造访果园，心中一定涌起将水果鲜甜保留下来的念头，陈燕桦选择将时令花果制成果酱，成就了一家『吃得到台湾味道』的小店，不经意间开启了人生的第二事业。

几年前辞去台北的工作和先生回到家乡南投经营餐厅，陈燕桦的动机很单纯。

这是个味觉大爆炸的时代，"现在很多人的味觉已经被养坏了，吃惯了添加剂，这是我们极力想要扭转的。"餐厅里除了主食，少量供应的手工果酱却获得意外好评，这让她动了新念头：对于真正想了解在地食材和食物原味的人来说，店内的一次性消费显然意义不大，但果酱却能突破保鲜和用餐地点的限制，跟着食客走得更远。那么，何不尝试做自己的果酱品牌？森心日春果酱，就在这个念头下诞生了。

要克服的第一个难题，是在保鲜和原味上取得平衡。果酱在台湾日常生活中已经相当普遍，平价早餐店里只要20新台币就能买到抹满草莓果酱的吐司面包，但陈燕桦从一开始想做的，就是低糖分，不添加防腐剂、色素、吉利丁的果酱，坚持低糖，保存期限就不会长，注定是两难，夫妻俩只能以时间换经验，尝试各种做法，过一段时间再开瓶验收是否变质。经过反复摸索发现，要诀就是得"狠"：不怕浪费，狠心切掉所有碰伤的果肉，再反复以沸水杀菌，最后装入密封罐的果酱保质期达半年，已经是可以让食客带着走的原味了。

学设计的陈燕桦将研发料理视为创作，山清水秀的南投本是农业大县，除了盛产的凤梨、荔枝、百香果是性格强烈的热带水果，邻近山区少数民族惯用的刺葱、马告（山胡椒），自家种植的花卉都可以入菜，行走在台湾中部自然山川间，如神农尝百草般和农民互动寻找新食材，让她研发出的果酱的地区特色也很强烈。

森心日春的果酱除了气味丰厚，视觉上也相当美观，一款热带水果酱搭上草莓和几种花卉香草，繁复的配料让果酱呈红黄双色，相当惹眼，细品除了凤梨和百香果的酸甜之外，还吃得到莓果的香气、薄荷的清凉，和其他花卉贡献的后味，颜色好、香气足，简单抹在白面包上就色香味俱全。"果酱的颜色、味觉、嗅觉，都很有发挥空间。"每当有食客来访，陈燕桦便热情地拿出各色果酱请人品尝，"猜食材"是小店里永远玩不腻的游戏。

问她做果酱以来，对何事印象最深刻。"曾经有位海外客人反映，这里的果酱吃得到台湾的味道。"短短一句话，却给了夫妻俩很大鼓舞。

热带花果酱

果酱 210g

准备时间: 40 分钟
烹饪时间: 50 分钟（另需静置 3 天）

- [ ] 凤梨 160g
- [ ] 草莓 80g
- [ ] 百香果 1 颗
- [ ] 冰糖 105g
- [ ] 蔷薇花 2 朵
- [ ] 海棠花 2 朵
- [ ] 薄荷叶 3 片
- [ ] 玫瑰天竺葵 2 朵
- [ ] 大小合适的梅森罐 1 个

1 凤梨去皮后洗净，小心挖除凤梨眼，剔除太熟、碰伤的果肉，切成 2 厘米见方的小丁备用。

2 百香果洗净后对半切，挖出果肉备用。

3 取一只碗，放入凤梨丁、百香果肉和薄荷叶，加入 70 克冰糖，稍微搅拌后静置腌渍 30 分钟。

4 草莓洗净，切成 1 厘米见方的小丁。

5 取一只碗，放入草莓丁后加入 35 克冰糖和玫瑰天竺葵，稍微搅拌后静置腌渍 30 分钟。

6 将薄荷叶和天竺葵分别从碗里取出，不要丢掉，放入干净的碗内备用。

7 两碗浸渍水果分别放入两小锅，开小火熬煮，其间稍微搅拌，待冰糖融化后熄火，盖上锅盖静置 30 分钟。

8 静置完成后重新开火，熬煮 3 分钟，其间可用中火至大火，但注意水分蒸发太快可能会烧焦，需要适时调整炉火大小。

9 薄荷叶、海棠、蔷薇放入凤梨锅，玫瑰天竺葵放入草莓锅，两锅均转小火熬煮至收汁成半固体状即可熄火，其间产生的泡沫需捞除。

10 重烧一锅水，沸腾后放入梅森罐和瓶盖，滚煮 5 分钟后取出。

11 将熬煮好的草莓酱、凤梨酱依序填入梅森罐中。

12 锁紧瓶盖，将梅森罐倒置，放入沸水再滚煮 5 分钟。

13 取出擦拭瓶外水滴，静置放凉，约 3 天后再开封品尝，味道最佳。

料理人 // 陈燕桦
地点 // 森心日春果酱专卖店，南投

奋起湖便当

百余年前，为了将阿里山区上好的红桧、云杉运回本土，日本殖民者在嘉义建起了一条高山森林铁路，原本深藏于群山万壑中的小镇奋起湖，从此以铁路最大中继站的身份与世人见面，奋起湖大饭店便当王国的序曲，也从这里开始谱写。

便当，日语べんとう（Bentō）的音译，是台湾对饭盒的称呼。

在阿里山公路通车前，森林火车是唯一能载客上山的交通工具，火车早晨从嘉义市区出发蜿蜒上行，到奋起湖加水填煤，稍作休息时已近中午。大热天从山脚下带来的食物多会微微发酸，来往旅客更乐意在当地找吃的，火车站旁贩售的便当因此大受欢迎。奋起湖大饭店经理林耿逸回忆，森林火车一车车把旅客载过来，人潮如织，家里的便当一天最多可以卖出 1000 多个，多数还是前一天预订好的。

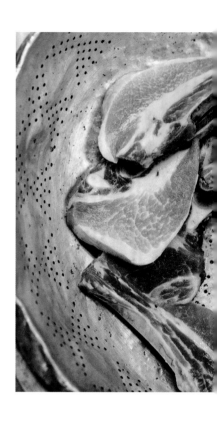

好景不长，1982 年阿里山公路通车，人们纷纷开车上山，原本跟着火车在奋起湖停留的旅客一夕之间消失得无影无踪，本该抢手的便当，在公路开通那天只卖了不到 10 个。奋起湖大饭店不得不转型，左思右想，决定以古早味的软烧肉猪排为卖点，全力打造铁路便当文化，将流失的客群找回来。

软烧肉猪排是林家传了 80 多年的秘方，最早来自一位日本老师傅，后由林耿逸的奶奶改良成更地道的台式口味。原料是一只猪只有 16 片的小战斧猪排，以蒜末和独门酱汁腌渍两天后先油炸再焖煮。"炸是日式做法，焖是台式做法。"林耿逸介绍。软烧肉原本酥炸的面衣再焖烧后已经软化，吸了满满的酱汁与蒜香，和搭了两三个小时火车上山、早已饥肠辘辘的食客相遇，便胜却人间无数。张大了嘴咬下一口猪排，反而更饿了，赶紧再多扒几口白饭，淀粉塞满嘴和酱香十足的厚切猪排一起咽下，总算有了初步的饱足感。

好吃的便当，头几口是能让人越吃越饿的，奋起湖大饭店对这点了然于胸。于是，像怕食客吃不饱似的，便当里除了软烧肉猪排外，还准备了一根卤鸡腿，搭配的时蔬、轿篙笋和木耳都是附近山区特产，最后再加上腌菜和卤蛋，共 7 道菜，分量颇丰，胃口小点的女生，还吃不到一半就饱了。但要罢筷呢，又有点舍不得，因为除了菜，饭也好吃——便当选用了来自台东关山的大米，那里山青水甜，可以说是台湾最出名的米产区了。因为质量够好，现在吃铁路便当已经是奋起湖旅游的标配。

经营奋起湖大饭店的林家世代都守在铁路旁，如今已将近八十载光阴。"阿里山森林铁路和台湾林业发展息息相关，也见证了我们家族的悲欢岁月史。"

奋起湖铁路便当

供 5 人食用

准备时间: 1 小时, 加上腌渍时间 2 天

烹饪时间: 2 小时

软烧肉

- [ ] 带骨小战斧猪排 5 块,
  每块约 100g

- [ ] 酱油 50mL

- [ ] 砂糖 40g

- [ ] 香油 1/2 小匙

- [ ] 地瓜粉适量

猪排酱汁

- [ ] 蒜头 2 颗

- [ ] 酱油 50mL

- [ ] 砂糖 40g

- [ ] 香油 1/2 小匙

焖烧鸡

- [ ] 鸡腿 5 只

- [ ] 蒜头 3 颗

- [ ] 米酒 60mL

- [ ] 香料粉 1/2 小匙

- [ ] 酱油膏 2 大匙

- [ ] 砂糖 1 大匙

- [ ] 香油 1/2 小匙

米饭

- [ ] 关山皇帝米 600g

  * 若无, 可考虑其他米替代

配菜

- [ ] 轿篙笋 200g

  * 阿里山特产, 若较难买到, 可以用
    春笋替代

- [ ] 黑木耳 200g

- [ ] 时蔬 300g

- [ ] 卤蛋 3 颗

- [ ] 腌菜适量

- [ ] 蒜头 2 颗

- [ ] 姜 1 块

- [ ] 盐适量

腌制肉类

1. 猪排、鸡腿洗净，取 3 颗蒜头切成末备用。

2. 腌渍猪排。找一只大盘放入猪排，倒入酱油、砂糖、香油，和猪排充分拌匀后包上保鲜膜，放入冰箱冷藏。

3. 腌渍鸡腿。找一只大盘放入鸡腿，倒入切好的蒜末、米酒、香料粉、酱油膏、砂糖和香油，和鸡腿充分拌匀后包上保鲜膜，放入冰箱冷藏。

4. 猪排和鸡腿需腌渍 24～48 小时，充分入味烹调后才能得最佳风味。隔天先煮饭。水淘大米 2～3 次，至水逐渐清澈，米饭和水以 1∶2 比例放入电饭锅快煮。

烹饪鸡腿和配菜

1. 蒸锅放水，水开后放入腌渍好的鸡腿，蒸 30 分钟左右，至 8 分熟熄火。

2. 蒸鸡腿时准备配菜。时蔬洗净切成段，轿篙笋、木耳和姜洗净切丝，取 4 颗蒜头切成末。煤气炉开大火，炒锅内放油，油热后放入一半蒜末爆香，随后放入时蔬炒熟，适当调味后起锅。

3. 炒木耳类似以上一步骤，锅内油热后放入姜丝，稍微拌炒后再加入木耳，快炒数分钟，适当调味后起锅。

4. 炒轿篙笋类似以上一步骤。锅内油热后加入笋丝快炒数分钟，适当调味后起锅。

5. 鸡腿差不多蒸好了，取出放入烤箱，以 220℃ 烤 10 分钟至表皮金黄微焦。

准备猪排

1. 炒锅洗净后烤干，放入大量沙拉油以大火加热。取一只盘子倒入地瓜粉，猪排从冰箱中取出，在盘内均匀蘸上地瓜粉，待炒锅热至 150℃ 放入猪排，大火炸煮 2～3 分钟后起锅。

2. 拿一只碗，将猪排酱汁 3 种调料混合，再加入 50 毫升水。

3. 焖煮炸猪排。炒锅内油倒出，或者取一只新的锅，放入沙拉油后倒入剩余的蒜末，爆香后转中小火，放入炸猪排和酱汁，焖 2 分钟左右起锅。

便当装盘

1. 准备便当，盛饭后将时蔬、木耳和轿篙笋沥干汤之后摆在米饭上，再加上卤蛋、腌菜和烤好的鸡腿。

2. 把焖煮过后的猪排摆上便当，大功告成。

业者 // 林耿逸
地点 // 奋起湖大饭店，嘉义

摇茶是门学问，不只姿势，连次数也有讲究。在春水堂，摇晃三十三下是制作珍珠奶茶的黄金数字，专业调茶师只需要听得冰块在容器里撞击的声音，便能判断这杯茶好喝与否。

铁观音乌龙
珍珠奶茶

春水堂的调茶师蔡宛如熟练地将冰块放入雪克杯，上下摇晃，约莫半分钟后，带着碎冰的奶茶被冲倒进早已装入粉圆的玻璃杯里，"一杯好的珍珠奶茶有 5 个条件：够冰凉、够滑口、茶汤浓郁、茶糖奶香气俱足，入喉后还会有茶韵回甘。"她一边介绍，手上玻璃杯里的泡沫还隐约在哔啵作响，多少人在炎炎夏日走进店内，就是为了这一杯能大口饮下清凉奶香的畅快。

喝手摇茶的传统，在台湾已经延续近百年。日据时期，台湾街头已经出现"吃茶店"，店员将茶饮加上糖浆、冰块后用力摇晃，倒出的茶汁上浮着一层薄薄的泡沫，入口鲜香沁人心脾，成为饮食文化中一抹亮色。20 世纪 80 年代，茶饮料和粉圆进一步结合，促成了台湾饮品界的爆炸性革命，至今四分之一个世纪过去，别说台湾，奶茶铺早已在全球华人世界攻城略地，掳获了无数年轻人的心，海外台湾人也总以珍珠奶茶为一解乡愁的代名词。

创立于 1983 年的春水堂是台湾最早开卖珍奶的店家之一，即便餐厅早已兼卖正餐，但多数人来到店内，还是会点上一杯珍珠奶茶"朝圣"。多年来，春水堂珍珠奶茶的制程已经完全标准化，茶汤得原茶冲泡，混合奶精、蔗糖和大量冰块后，以圆弧形的雪克钢杯冲摇。摇茶的标准动作是紧握瓶身，从丹田处出发，顺势往前推动整条手臂，"像海豚飞跃的曲线，摇得越快、幅度越长，茶汁越细致。"蔡宛如说，最后完成的奶茶会浮着一层白色的细致泡沫，加上融合了茶香和奶香的碎冰层，总共有 4.5 厘米高，珍珠的量也必须适当，过与不及，均非佳品。

被称为"珍珠"的粉圆以树薯粉制成，也是决定珍珠奶茶品质的重要环节，烹煮粉圆有精准的时间要求，先煮后焖，粉圆才会熟透。把粉圆煮得有嚼劲，加上摇晃出冰凉、醇厚的奶茶，摆在眼前的，就是一杯完美夏日饮品了。

料理人 // 蔡宛如
地点 // 春水堂，台中

铁观音乌龙珍珠奶茶

供 2 人饮用

准备时间：10 分钟
烹饪时间：70 分钟

☐ 生粉圆 30g

☐ 蔗糖 20g

☐ 铁观音乌龙茶叶 5g

☐ 奶精 1 大匙

☐ 冰块适量

☐ 雪克杯 1 个

1 锅中放水，大火煮至水滚。

2 锅内倒入生粉圆。下锅后持续以同方向搅拌，让粉圆在锅内翻滚，才不致于粘锅底。

3 粉圆全数浮起后转小火煮 20～30 分钟，接着盖上锅盖，熄火焖 30 分钟，其间避免揭开锅盖，否则锅内温度下降，可能导致粉圆不易焖透。

4 先舀一小匙试吃，若粉圆中心已经熟透，用滤网滤去水分，再以冰水冲洗。这个步骤可以让粉圆收缩，更有嚼劲，冲洗后的粉圆放入玻璃杯。

5 铁观音茶叶放入 70 克左右沸水内，静置 5 分钟，泡出浓茶。

6 蔗糖、茶加入 330 毫升的雪克杯，并填满冰块，左手拇指、右手食指分别按住雪克杯上下，用力摇晃 33 下。

7 奶茶倒入装有粉圆的玻璃杯，适当搅拌即可饮用。

小贴士

粉圆容易粘锅，要煮得好并不容易，请确保水和粉圆比例在 10：1 以上，并且在熄火前翻搅照看。

柴烧黑豆酱油

台湾传统制酱工艺以黑豆为原料，需要经过泡、蒸、发酵、酿造、熬煮等多道工序，历时半年而成。其中洗曲、柴烧火候、因气温调整浸泡时间，都高度依赖制酱人的经验传承。

17 世纪中叶，郑成功率军拿下荷兰在台湾西海岸的根据地热兰遮城，随行的士兵带着酱油渡海来台，宝岛自此飘起酱香。和日本或者中国大陆的黄豆酱油不同，台湾传统酱油以黑豆为原料，暴晒在阳光下酿造，位于云林县北端的西螺镇挟土质肥沃、日晒充足、水质甘美等先天优势，在日本殖民时期跃升为台湾最出名的酱油产地。

传统制酱过程相当费时，从原豆蒸熟发酵到成酱需要 6 个月左右，显然不符合当代多数人追求的高效率，因此长久以来酱油制程便不断推陈出新，现在用酸液将植物蛋白原料加以水解的化学酱油只要 5 ~ 7 天便能完工，产能还可随需求随时调整，弹性大、产量足、价格便宜，已然抢下大部分市场占有率，但从 20 世纪 50 年代就在西螺制酱的御鼎兴谢家依旧坚持用老方法酿酱，历经蒸豆、晒豆、制曲、发酵、成曲、洗曲、下瓮、日曝、柴烧、熟成、再次柴烧、填充与杀菌等将 10 多个工序，没个大半年，出不了一锅酱。

御鼎兴第三代制酱人谢宜哲说，在自然环境下缓慢发酵的老酱，之所以有化学酱油无法取代的风味，其中部分原因归功于产制过程中"洗曲"这个步骤。这是台湾酱油工艺独有的制程，黑豆发酵后放入水缸中淘洗，曲菌在洗完水会重新复苏，生物能转化为热能，温度上升到 55℃，让酱油香气分解得更好。

御鼎兴制酱工艺的另一特殊之处，在于保留了旧时的柴烧工法。比起煤气炉或者蒸汽炉，柴烧更难控制火候，且熬煮时间是其他方式的两倍，前期要旺火，后期要文火，全靠人为经验判断，高度依赖制酱人的烹煮技巧，即便从小跟着爸妈做酱，谢宜哲也有不少烧坏整缸酱油、只能倒掉重来的经历，但正是高门槛的柴烧环节成为提升酱油质量的关键，"蒸汽炉或者瓦斯炉固然能让产品稳定，但没法让质量提升，熬得好、熬得久，酱油才甘醇"。常常谢家在后院制酱，几百米外都能闻到酱香。

老方法做出来的酱油，真的比较美味、可靠吗？至少谢宜哲是这样看的："吃过了传统酿造的酱油，你不会想回去吃化学酱油。"他信心十足："好的酿造酱油犹如美酒，越酱越香，不加糖却有丰富的后味，入口后，还能回甘。"

业者 // 谢宜哲
地点 // 御鼎兴，云林

酱油高丽菜蛋

供 3 ~ 4 人食用

准备时间: 10 分钟
烹饪时间: 10 分钟

☐ 鸡蛋 5 颗

☐ 高丽菜 2 片

☐ 酱油 1 大匙

☐ 辣椒少许

☐ 沙拉油少许

小贴士

如果想试试自酿酱油,你得先准备出约 4 个月时间。挑选约 289 克饱满、没有破果的黑豆以清水浸泡,秋冬两季气温 10 多摄氏度时浸泡时间约 3 小时,气温在 20 多摄氏度以上浸泡时间可缩至 2 小时以下。完成浸泡后把黑豆沥干,放入蒸笼蒸煮 30 分钟以上,注意黑豆不可蒸到太过湿黏。

蒸好黑豆放在桌面上静置,至黑豆凉下来以后加入曲菌(1 克)拌匀,然后放在通风处等待发酵,尽量让黑豆温度维持在 36℃左右,约 5 天黑豆就会发酵完成。

准备一个量杯,放入 51 克盐,加水搅拌至总重量为 300 克,得到 300mL 浓度为 17 度的盐水。将发酵后的黑豆淘洗,再找一只能密封的菜瓮,待表面的曲菌洗干净后静置一段时间(夏天约

5 小时,冬天约 8 小时),然后和 257mL 的水一起放入瓮充分密封,酿造时长大约 4 个月。

酿造完成后取出酱油,放入锅内以大火煮至沸腾后,转为中火再煮 30 分钟。煮完以滤布滤掉豆渣,若想调整咸度,还可以继续熬酱油,时间越长成品越咸。最终成品酱油约 420mL。

1 高丽菜洗净、切成丝,辣椒切末备用。

2 锅内放入少量油,油热后高丽菜丝下锅,翻炒至半熟,闻到菜香后起锅。

3 大碗中打入 5 颗鸡蛋,加入高丽菜丝、酱油、辣椒末,以筷子充分搅拌。

4 锅内重新放油,油热后将蛋液倒入锅内,煎至微焦后翻面,至蛋熟后起锅。

白酒釀柑仔蜜

白葡萄酒保留了柑仔蜜自身的风味，酒酿过后果香更浓，这道农家私房小菜很开胃。

位于台湾西部的传统农业县云林，承载了全岛六分之一的农作产值，冬季阳光灿烂，夏日少见风灾，在人称"阿硕"的80后青年农民许仁硕眼中，是柑仔蜜的福地。柑仔蜜并非橘子或者蜜柑，而是台湾中南部对番茄的称呼，来自菲律宾语"Kamatis"的音译。17世纪西班牙殖民时期，在菲律宾一带活动的泉州人带着原产于南美洲的番茄种子漂洋过海来到台湾，自此，云嘉南平原上多了这一味时蔬，鲜中带甜，甜里有酸。

阿硕大学建筑系毕业后，绕了一圈，出外求学、工作兜转多年，又鲑鱼洄游一般，回到故乡云林承继家业。阿硕用极为简单的几句话，概括了自己的人生哲学:"我需要吃,于是我下田、我劳动。"

许家世代务农,一开始,阿硕和爸爸一起种小黄瓜,其后有了培育精品水果、经营自有品牌的念头。一家人砸重金搭起温室,夏天种香瓜,冬季种柑仔蜜。台湾有句家喻户晓的广告词:"当番茄红了,医生的脸就绿了",在媒体推波助澜下,顶着"茄红素""高营养价值"等光环的小番茄成为餐桌新宠,市场每公斤卖价达四五十元人民币,品种也越来越多,其中,最火红的莫过于"玉女"和"圣女"两种。

玉女小番茄是台湾南部农友种苗选育出的品种,诞生不过 10 年,特色是香甜可口,普通番茄糖度不过 6 ~ 7,高价的圣女小番茄番茄通常止步于 9,但玉女小番茄最高糖度可达 13,简直甜到"不像番茄",这是阿硕选择种植的原因。在消费心理上,物以稀为贵的特殊性也堪玩味——其他品种柑仔蜜不分时节皆可收成,只有玉女小番茄产季限定在冬末春初,且越接近季尾,滋味越好。家中一双淘气的男孩就因为这样老爱跟着爸妈进温室,在柑仔蜜采收期边玩边吃,借机饱餐一顿。

阿硕说,云林一带可能是全台湾最适合种植玉女小番茄的地方,往北阴冷,冬季阳光不足,往南又太过炎热。他的家乡是由浊水溪千万年冲积而成的平原,土壤带着黏性,富含矿物质,有利于番茄生长。虽有先天优势可依恃,但伺候娇贵水果堪比呵护温室花朵,还是让人煞费苦心:小番茄非搭棚不能栽种,每年采收完成后,阿硕还要以水洗去土壤中的盐分,同时放入自制豆浆发酵液,让天然氨基酸增加土壤有机质。但最令他困扰的,恐怕是玉女"吹弹可破"的果皮,稍有不慎一碰就裂。面对白璧微瑕的柑仔蜜,农人自然不舍丢弃,阿硕有了巧用天然缺陷再度加工的主意。

本不好杯中物的他,在一次实验中意外发现经酒酿过后的番茄除了保留自身鲜美外,果肉还更有弹性。而将柑仔蜜的裂果丢入滚水,捞起冰镇后便能轻松去皮入酒。阿硕选用白葡萄酒,除了番茄滋味和酒的香气相得益彰以外,菜品成色上也比红酒酒酿更好看。最棒的是,这道颜值与美味兼具的餐前菜简单到几乎不需要料理功底,阿硕唯一要担心的,是自家那双远远未及饮酒年龄的小男孩早早在这美妙滋味中,领会到了微醺的妙处。

白酒酿柑仔蜜

供 1 人食用

准备时间:1 分钟
烹饪时间:6 分钟(另需冷藏 12 小时)

☐ 玉女小番茄 100g

    * 若不喜过甜,可增加小番茄至 200g

☐ 白葡萄酒 100mL

☐ 冰糖 50g

☐ 冰块适量

☐ 新鲜迷迭香一段,2 ~ 3cm

业者 // 许仁硕
地点 // 田里的孩子. 小农家,
斗六,云林

1 小西红柿洗净去蒂，以利刀轻轻在茄面划上一道，放进滚水 10 秒钟后捞起，放进冰水冰镇（冰块不宜过少，以确保水温够低），冷却后剥去外皮。

2 小煮锅内倒入白葡萄酒和 150mL 清水加热，放入冰糖，用汤匙搅拌直到冰糖全部溶解，放入去皮的小西红柿和迷迭香，以最小火煨煮 3 ~ 5 分钟。

3 将白酒、西红柿与迷迭香一同装入梅森罐，放冰箱冷藏 12 小时后即可食用。

小贴士

各种白葡萄酒都能做柑仔蜜酒酿，其中"长相思"（Sauvignon Blanc）葡萄果香浓，是很好的选择。各产地国中，以新西兰产区性价比最高，照顾舌尖也体贴荷包。

在番茄选择上，如果买不到玉女小番茄，尽量找皮薄、肉厚的品种，番茄不宜过熟。实际炖煮时间则视个人偏好而定，小火炖煮 3 分钟番茄的果肉仍保有弹性，5 分钟口感较绵软。

炸花枝

十多年前一次重大台风摧毁了家中的蚵田，没了祖传事业，许家于是专心经营餐饮，一道酥炸花枝功夫到味，不多调味忠于食材，丝毫不负「海鲜直送」之名。

许 桦荣还清楚地记得，第一次出海，是 13 岁那年。

嘉义的东石是台湾西海岸重要的渔获进出港，许家祖祖辈辈在东石乡塭港村养蚵、捕鱼，以海为生。20 世纪 90 年代初许爸爸决定跨足餐饮，用儿子的名字在码头旁开了间海产店，现在由许桦荣和大哥许桦杰共同掌勺。

卖海产，新鲜是王道，连续几代在渔市场里打滚，连身为小儿子的许桦荣都喝着海水长大，许家累积起的丰厚人脉使同行难以望其项背，"别人买海鲜是到渔市里批货，我们是海洋直送。渔夫连工作服都来不及脱，身上还滴着水，海鲜已经送进店里冰柜了！"许桦荣说。一般市场少见的香螺、野生红蟳、野生午仔鱼（四指马鲅）、大沙公（斯里兰卡蟹），海上一有收获，桦荣通常能拿到"独家"，所以懂行的熟客来访第一件事情就是直奔冰柜，看看今天桦荣又添了哪些野味。

炸花枝（乌贼）是店内很受欢迎的菜品，台湾四面环海，花枝不算稀罕，来店里吃，图的是这里食材新鲜，酥炸功夫到位。不同常见的花枝圈，许桦荣将花枝切成长方形，"和同类型水产比，花枝的特色是肉厚，切小了吃不过瘾，太大了不容易熟，

面衣比例也不恰当。"最后确认了约莫成人食指一指节的黄金比例，刚好让人两口吃完。

这道菜看似家常，要好吃，诀窍却不少。花枝切好后先蘸上蛋液，除了增色，还能帮助花枝均匀地裹上太白粉。面衣选择太白粉而不是地瓜粉，是因为想避免颗粒感，让炸好的花枝看起来更光滑。做酥炸花枝，许桦荣有个最高指导原则：既然主打直送新鲜海产，就不要在烹煮前先腌渍，厨师只需忠于食材，尽可能呈现原味就好，上桌后的调味工作，交给食客自行把控。

炸煮时，时间和温度是关键，出锅前的"逼油"步骤不可马虎，花枝才会酥脆不油腻。出锅后的炸花枝呈淡淡金黄色，撒上一小撮椒盐入口，先是油香味扑鼻，然后是酥脆皮和极有嚼劲的大块花枝肉，吃来满口鲜香，一口口"咔滋咔滋"声不绝于耳，别说食客本人，这嚼劲，能把旁人都看饿。

"小时候并不喜欢这行，出海得清晨 4 点出门，放假时同学在玩乐，我们得趁潮退时抢收蚵仔。"没想到，如今海鲜料理却让他做出了兴趣，纯朴的南部小镇上熟客颇多，加上外县市周末自驾游人潮，端出好料以宴食友，许桦荣很满足。

料理人 // 许桦荣（左）
地点 // 桦荣海鲜餐厅, 嘉义

炸花枝

准备时间: 20 分钟

烹调时间: 10 分钟

☐ 沙拉油, 用于油炸

☐ 生花枝 450g

☐ 鸡蛋 1 颗

☐ 太白粉适量

☐ 胡椒盐适量

小贴士

在家料理时可以在食盘内先垫上一张食用吸油纸, 方便清理工作。放上炸花枝前, 可先在盘上垫点蔬菜, 除了装饰, 菜叶还能吸油。

1 花枝洗净, 切成1.5厘米X4厘米的长条状。

2 在一口大锅或平底锅内加足够的沙拉油, 深约 3 厘米, 开最大火加热到至少 140℃。若油温太低, 面衣会散掉, 出锅的成品还可能过于油腻。

3 热油同时, 找一只大碗, 鸡蛋敲入碗内打匀。

4 切好的花枝块丢入蛋液里, 用手抓匀, 让每块花枝都充分蘸到蛋液。

5 找一只盘或大碗倒入一些太白粉, 放入花枝块用手抓匀, 确保每块花枝都均匀地蘸满太白粉。

6 如果不确定油锅是否足够热, 可以先丢一小搓太白粉糊到锅内, 若粉糊马上浮起来, 就代表锅子温度已经足够了, 也可以把手放到油锅上方, 这时热油应该会微微冒烟, 明显感觉到热气, 但做这个动作之前请先确定手是干的, 以免自己的手成为"炸物"。

7 花枝块轻放入油锅, 待面衣成形后将火转至中大火, 1～2分钟后捞起。

8 试吃一小块花枝, 确定已经熟透, 将瓦斯炉火调到最大（大约180℃）, 花枝重新入锅, 8～10秒钟迅速捞起, 撒上椒盐食用。

太阳饼

太阳饼从台中发迹，随着纵贯铁路线红遍全台，是台湾最具代表性的糕饼之一。内馅以麦芽、糖粉加上猪油拌成，外皮巧用不同筋度的面粉，巴掌大小的圆饼剥开达上百层，让嗜甜者无法拒绝。

现在大概没有人会怀疑太阳饼"台中伴手礼"的霸主地位，作为中台湾最知名糕点，路过台中拎几盒太阳饼回家，犹如盖上"到此一游"的邮戳。

这只戳章诞生于贫苦时期。20 世纪 40 年代，日本在"二战"中战败后，台湾百废待兴，甜食是富裕人家才能享受的奢侈品，当时人们用麦芽糖或者蜂蜜调制内馅，外皮以面粉和油和成，相当受欢迎。其中，由林绍崧、林何秀眉创办的太阳堂饼铺确立了太阳饼的做法，他们开设于自由路二段 23 号的店铺也被当地人认为是最老字号的太阳饼，无奈 2012 年，老太阳堂因为没有接班人而歇业。有

意思的是，因为最早的太阳堂饼铺申请专利并未通过，名为"太阳堂"的饼店如今在台中遍地开花，火车站附近的自由路更是出名的太阳饼街，成为城市特色。

其中一个后起之秀，就是与老铺只有一墙之隔的太阳堂老店，经营者雷家在 20 世纪中叶开始涉足糕饼业，最早卖西式点心，但经营得并不顺利，在经济压力下，当时年仅 14 岁的少店主雷文雄北上学习中式糕饼，几年后返乡开始制作当时已有相当名气的台中太阳饼。在台北做中式糕饼的经验给了他不少灵感，原本做出来的太阳饼被人称作"椪饼"（椪在闽南语中有膨胀的意思），外形微微鼓

太阳饼

24 个，每个约 50g，共约 1200g

准备时间：1 天（含静置时间）
烹饪时间：60 分钟

- ☐ 擀面棍
- ☐ 烤盘

油皮

- ☐ 低筋面粉 260g
- ☐ 中筋面粉 85g
- ☐ 糖粉 30g
- ☐ 水 75mL
- ☐ 猪油 120g

油酥

- ☐ 低筋面粉 290g
- ☐ 猪油 145g

麦芽糖

- ☐ 麦芽 70g
- ☐ 糖粉 188g
- ☐ 低筋面粉 70g
- ☐ 水 24mL
- ☐ 猪油 12g

起，饼皮缺少层次还不方便运送，经过雷文雄调整配方，出炉的饼皮酥松香甜，内馅也更软绵，是极佳的茶点，一口茶、一口饼，茶香中和了麦芽馅的甜味，多吃几块酥皮，也完全不会口干舌燥。

"太阳饼工艺其实并不繁复，专业在食材把关，以及各原料比例，"雷文雄的儿子、太阳堂老店第三代经营者雷曜聪说。太阳饼分为油皮、油酥、内馅3个部分，分别以不同筋度和比例的面粉调制而成，内馅的麦芽因为混合了低筋面粉，加热后口感软绵，外层以油皮和油酥反覆擀平、折叠，烘烤后呈现金黄色，还真有点像太阳。剥开饼皮，里头一

层皮、一层酥、一层皮、一层酥，可达上百层。全程使用的自炸猪油则收画龙点睛之效，当太阳饼持续加热，闻着麦芽香和猪油香从烤炉内弥漫出来，带给人的幸福感真是其他食物难以取代的。

毫无疑问，太阳饼是随着铁路文化兴起的。"台中是纵贯铁路中的大站，火车从北坐到南要一整天，中途停靠台中刚好买些太阳饼填饱肚子，这是台湾一代人的集体记忆。"雷曜聪说。不信问问中年以上的台湾人，当年搭着火车远游，肯定有在车上听小贩叫卖，忍不住买盒太阳饼品尝的有趣经验。

1 找一只大碗，放入麦芽、糖粉、低筋面粉、水、猪油，使之充分混合，静置1天，使其达到最佳口感。

2 油皮用的中筋与低筋面粉混合，加上猪油、水、糖粉充分搅拌至面团有筋度、具延展性后备用。

3 油酥用的低筋面粉和猪油混合，搅拌均匀后备用。

4 取22克混合好的油皮面团，包入17克油酥面团，将俩面团滚成球状。

5 混合油皮及油酥的面团轻压，以擀面棍赶成匀称的长条形，然后由上往下卷起呈花卷状。

6 取14克混合好的麦芽糖，包入步骤5的面团，捏成球状。

7 以擀面棍将步骤6的面球擀成直径7～8厘米的圆饼状。

8 重复步骤4、5、6，包好的太阳饼——放上烤盘，一共24颗。

9 烤箱设定为上火190度、下火210度，放入烤盘烘烤10分钟。

10 取出放稍凉后即可食用。

料理人 // 雷曜聪
地点 // 太阳堂老店，台中

古坑咖啡

十九世纪的英国商人首次将咖啡带到台湾，殖民时期云嘉一带成为日本的咖啡基地，但台湾咖啡真正受自家人青睐还是这十多年的事情，北回归线附近的荷苞山所产的古坑咖啡是其中的佼佼者，其发展出来的庄园咖啡文化，也和台北咖啡馆的摩登气质大不相同。

台湾也产咖啡吗? 答案是肯定的。日本殖民时期, 云林、嘉义一带已经出现大片咖啡栽种, 其中最有名的, 莫过于云林古坑荷包山的阿拉卡比种, 当时人见漫山遍野种满了咖啡, 便称这里为"咖啡山", 咖啡山上产的咖啡被视为贡品运回日本本土, 源源不绝地为明治后逐渐西化的日本人提供日常饮品, 有了"御用咖啡"一说。

可惜咖啡山被"御用"时间并不长, 随着台湾光复, 古坑咖啡失去了最重要的出口国, 台湾民间又尚未建立起喝咖啡的习惯, 荷包山上的咖啡园日渐荒芜, 不少农民索性改种橙子、柑橘, 巴登咖啡董事长张莱恩的父亲也是如此, 但不同的是, 张家还保留了一片咖啡树自用, 张莱恩对于咖啡的情感和记忆, 也来自在咖啡园长大的生活经验。

从小看父亲以土法炼钢方式炒咖啡豆, 20 世纪 80 年代接手家中咖啡园, 便试图经营自有品牌, 几年后在荷苞山下开设实体店"巴登咖啡", 从咖啡育苗开始, 栽种、烘焙、量产、推广, 全部流程一手抓。

在张莱恩看来, 古坑产的咖啡不酸不涩, 喝来很顺口, 可是要让当时尚未浸淫咖啡文化的台湾人接受这种带点苦涩的西式饮品并不容易, 他灵机一动, 想到以鲜奶油加上咖啡的啜饮方式, 选择深烘焙咖啡, 大火滚煮后倒入杯内, 上头再加入绵密的鲜奶油, 咖啡与鲜奶油的比例约为 7∶3, 喝时不加搅拌, 上冰下凉, 甜苦香间的咖啡, 至今仍是巴登咖啡的招牌款。

1999 年, 台湾发生九二一大地震, 全台受创严重, 张莱恩很希望台湾能逐渐从悲情的氛围中走出来, 于是又想到推广休闲咖啡的概念, "想让更多人知道, 喝咖啡可以是很幸福、很悠哉的事情," 他说。

荷苞山本是云林古坑、斗六一带居民重要的休闲据点, 千禧年后岛内旅游风气越来越盛行, 加之台湾自产农产品开始受到消费者青睐, 两相结合下, 荷苞山附近开起一家家庄园咖啡, 成为岛内有名的咖啡聚落。和台北咖啡馆城市型的小资情调不同, 巴登咖啡的食客更多以家庭为单位出现, 因此店内除了咖啡还供应种类丰富的餐食, 而这些咖啡和蔬菜, 悉数来自自家农园。

张莱恩还在古坑开辟了有机农园, 园内蔬果以自制堆肥浇灌。台湾咖啡在市场上接受度日渐提高, 更健康的食材是他未来的主题。

巴登咖啡

准备时间: 10 分钟
料理时间: 10 分钟

- ☐ 古坑荷苞山产阿拉比卡深焙咖啡豆 16g
- ☐ 鲜奶油 65mL
- ☐ 磨豆机
- ☐ 咖啡搅拌棒
- ☐ 虹吸式咖啡壶
- ☐ 迷你电磁炉

业者 // 张莱恩
地点 // 巴登咖啡, 云林

1 烧一锅热水。

2 烧水同时磨豆，磨豆机调到 2 号，将咖啡豆磨成粉状。

3 注入 150 毫升热开水到咖啡虹吸壶下座，磨好的咖啡粉放入虹吸壶上座，将上座斜插到下座顶部。

4 点火，待水煮沸以后，把上座扶正压紧，让上下座密合，此时下座内的水受蒸汽压力，会开始慢慢上升。

5 水上升至一半时，转中火，拿搅拌棒在虹吸壶内稍微搅拌，让咖啡粉与热水融合，咖啡粉吸收水之后会产生泡沫，粉层逐渐膨胀，表示正在释放出芳香物质。

6 过一段时间，粉层稍微收缩，再次搅拌，待粉层稳定便可关火。若把握不好粉层厚度，也可以从水煮沸后开始算 90 秒，时间到后熄火。

7 以湿抹布包裹下座，轻柔擦拭以冷却玻璃壶的温度，虹吸壶的咖啡因为温度和压力变化而回流到下座。

8 咖啡倒入杯内，加入鲜奶油。

9 不用搅拌，直接啜饮咖啡，享受上冰下热的神奇口感和香醇的咖啡味。

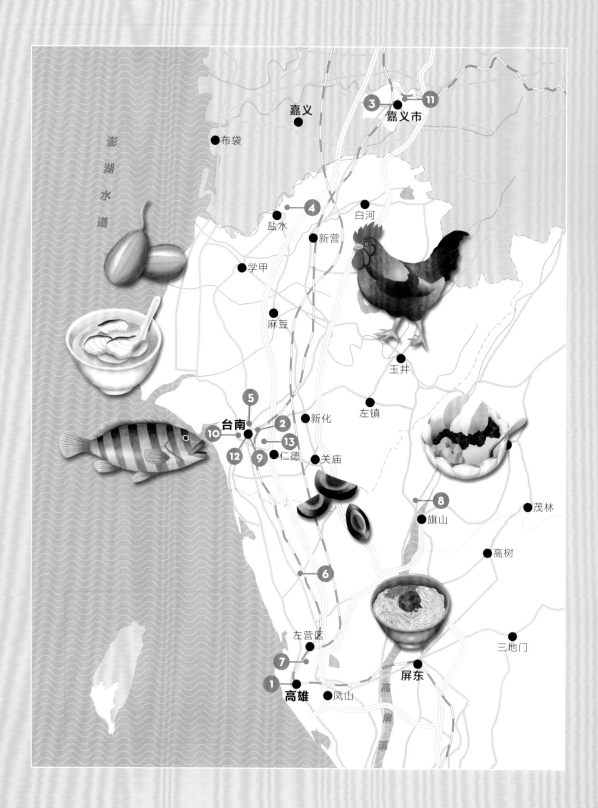

嘉义
嘉义市 ③ ⑪

布袋

④ 盐水
白河
新营

学甲

麻豆

⑤
台南 ② 新化
左镇
⑩
⑬ 仁德
⑫ ⑨ 关庙

玉井

茂林
⑧ 旗山
高树

⑥

三地门

左营区

⑦
① 屏东
高雄 凤山

澎湖水道

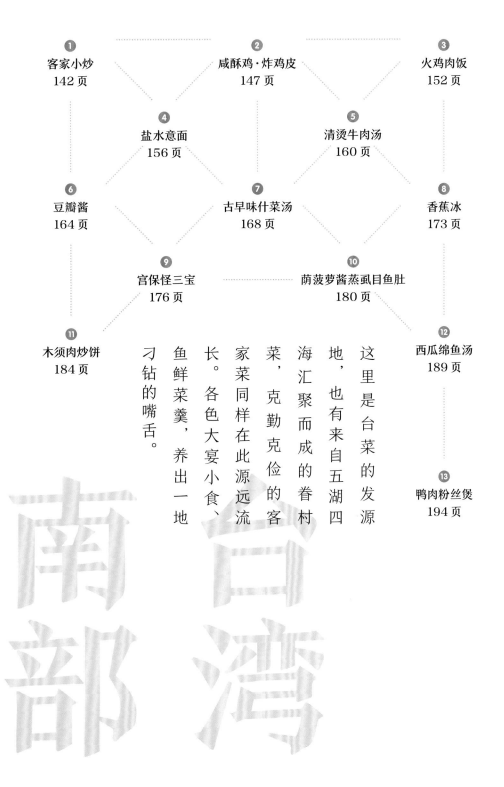

这里是台菜的发源地，也有来自五湖四海汇聚而成的眷村菜，克勤克俭的客家菜同样在此源远流长。各色大宴小食、鱼鲜菜羹，养出一地刁钻的嘴舌。

南台湾部

客家小炒

虽然不是整盘的全鸡全鸭，但客家小炒依旧是年节才会出现在客家餐桌上的菜肴。从鱿鱼、猪肉到豆干，海洋到陆地的滋味，在大火中共冶一锅，让人咀嚼出满口鲜香。

客家人与闽南人、外省人、原住民共为台湾地区四大族群。约莫明末清初起，闽粤地区的客家人，为了寻求更有余裕的生存空间，陆续迁移来台，以北部桃竹苗、南部高屏地区为主要聚落。由于客家族群长期移动漂泊，物资缺乏、生活艰苦，形成勤劳节俭的特质。又因来台时间晚于闽南人，平原耕地已少，只能往山间开垦，辟荒劳动需要较多油盐补充体能，烹饪时喜好加上佐料爆香来促进食欲，是以传统客家口味多半具有"油""咸""香"三大特色。

客家人在农历初一、十五与年节时分，都有祭拜神明祖先的习俗，以鸡、猪肉和干鱿鱼作为三牲祭品。每逢祭祀完成，如何巧妙地运用这些得来不易的荤食，既能反复变出新菜，又没有丝毫浪费，就成了客家妇女的智慧展现。有一种传闻，说客家小炒便是某一客家家族在祭拜过后，第一天家中大嫂掌厨，将猪肉做成白切三层肉；第二天大姑把剩余的三层肉切细，与豆干片炒成一盘；第三天轮到大婶下厨，便把还没吃完的豆干炒肉和泡软后的干鱿鱼一同炒香，再加入芹菜、辣椒等一起拌炒，最后用酱油、米酒炝锅，成就了这道喷香扑鼻，荤食愈嚼愈香，蔬食清脆爽口的下饭好菜。

　　"客家小炒看跟做都很简单，只要每一道食材都处理好，人人都
会做。"与妹妹刘红珠一同经营食堂、专门负责掌厨的刘玲君，从小跟
在妈妈身边看怎么炒客家小炒看到大。"因为我们客家人拜拜都会用
一整条干鱿鱼，所以客家小炒都会有鱿鱼。以前比较穷，平常没有那
么多食材拿来做料理，只有遇到过年过节的时候，才会一次有这么多
东西可以用，所以客家小炒原来是客家人的年菜。"又有猪肉又有鱿鱼，
山珍海味都在同一锅。"一般家庭平常不会炒这个，太麻烦了。"刘玲
君摆出所有即将炒成一盘的材料，"你看，谁会为了一道菜买那么多东
西，而且每一种买的时候都要买一大把，用又只用一点点，其他放着
就很伤脑筋了。"

　　因现代饮食习惯的改变，重油重咸的客家菜也跟着有了调整。"原
本应该是用五花肉，但现在的人讲求健康，看到肉太肥就挑出来不吃，
就改良用里脊肉。"一个小小的差异，体现的是客家人的节俭性格。

说是客家"小"炒，
整个来源与工序
却一点也不小。

料理人 // 刘红珠，刘玲君（上图）
地点 // 美浓食堂，高雄市前金区

客家小炒

供 4 人食用

准备时间：30 分钟
烹饪时间：10 分钟

- [ ] 干鱿鱼半尾
- [ ] 里脊肉 300g
- [ ] 豆干 5 块
- [ ] 芹菜 4 根
- [ ] 蒜苗 1 根
- [ ] 姜丝 10g
- [ ] 酱油 1 大匙
- [ ] 酱油膏 1 大匙
- [ ] 米酒 1 大匙
- [ ] 糖少许
- [ ] 辣椒 1 根
- [ ] 蒜苗丝适量
- [ ] 香菜适量

小贴士

如果用的是五花肉，则一开始干锅中火先下五花肉，将猪油煸出后，其他食材续炒，顺序不变。

1 先备料。干鱿鱼逆纹剪成细条，以冷水泡发 30 分钟。里脊肉切条氽烫、豆干切片、芹菜切段；蒜苗四分之三切段、四分之一切丝；辣椒去籽切丝。

2 中火起锅，锅中下少许油，油热后先下鱿鱼略炒，加入姜丝，稍微爆香后下豆干，将豆干煸到边缘微焦之后下里脊肉丝，翻炒均匀；从锅边炝入酱油与酱油膏，撒入砂糖后转大火翻炒，下芹菜、蒜苗，再炝入米酒，翻炒均匀即可。盛盘时再铺上蒜苗丝、香菜、辣椒装点，完成。

咸酥鸡·炸鸡皮

咸酥鸡（或称盐酥鸡）可说是遍布台湾的全民美食之一。不论北中南东甚至离岛，几乎都有咸酥鸡摊的存在。从下午到深夜，荤素一摊全包。即使媒体动辄出现多吃咸酥鸡有害健康的相关报道，要拒绝这款金黄香酥的油炸小食，实在难上加难。

关于咸酥鸡的起源，主流至少有两种说法。一说是在 20 世纪 70 年代，原本家中经营餐厅的陈姓商人，以祖传秘方腌制鸡肉卖起炸鸡，一炮而红。随后于台北市西门町摆出"台湾第一家盐酥鸡"，并成立专门贩卖咸酥鸡调味料的公司，只要向其购买调味料的摊商，就可挂上"台湾第一家盐酥鸡"的招牌。另一说则是发生在台南，由出身自养鸡场的叶姓夫妻，将自家鸡场生产的鸡胸肉切成小块，腌渍后裹湿粉酥炸，再撒上自制的胡椒盐，在延平市场附近摆摊贩售。口感外酥内嫩，广受市场欢迎。

姑且不在生成地上战南北，时至今日，全台各地都炸出了数十年不衰的咸酥鸡之花。即使明知不健康，它仍是许多人的宵夜首选。虽名咸酥"鸡"，饕客可选择的，通常还有花枝、龙珠（鱿鱼嘴）等海鲜，或鱼浆制品如鱼板、甜不辣；豆制品如豆干、冻豆腐等。若想"掩耳盗铃"一点，可选择四季豆、玉米、香菇等青蔬来假装养生；再进一步尝鲜，不妨试试炸汤圆、炸皮蛋或撒上梅粉的地瓜条。小小一辆宽不过六尺的摊车，摆出的品项多者可达二三十种，简直无所不包。遑论起锅前扔下一把九层塔爽快同炸，或是在撒上胡椒粉之余拌入蒜末提升风味，都是咸酥鸡让人爱不释口的原因所在。

由情侣档郑敬峰、黄潇仪一同经营的凤凰来手作炸鸡屋，到目前虽然仅有 3 年店龄，却已累积了不少支持者。黄潇仪的家人即为传统咸酥鸡经营者，承袭家传腌制秘方的她，舍弃一般咸酥鸡摊的琳琅满目，仅选择鸡肉、鸡皮、三角骨、鱿鱼圈等项目作为主力商品，把大部分的时间花在清洗、整理与腌制等事前准备上。"与其什么都卖，不如挑几种自己比较有把握的。"她说。

凤凰来的鸡肉品项有鸡排与小鸡块，而常在开店 3 小时左右即贩卖一空的招牌餐点"炸鸡皮"，用的就是鸡排（鸡胸肉）取下的鸡皮。"这个部位的鸡皮比较平整漂亮，厚薄度相对其他地方，整体也较平均。"特别是考虑到鸡皮经过油炸会缩小，假若原料是细细散散的零碎皮（当地称畸零皮），炸完也就只剩碎屑，达不到"一口嘎吱"的满嘴爽脆。"要够大块，吃起来才过瘾。"

小小一片鸡皮，处理起来也毫不含糊。在经过彻底拔毛、洗净之后，还得将内侧的油脂一一剪除，余下的鸡皮才能炸得又香又酥，这是郑敬峰和黄潇仪两人到处寻访其他咸酥鸡摊商的炸鸡皮所吃出来的秘技。"如果没有把油脂剪掉，吃起来很容易腻。毕竟我们要吃的是鸡皮的脆，不是要吃鸡皮的油。得用'自己要吃'的标准，来做卖给客人的产品。"在凤凰来吃到的咸酥鸡，不只有传统滋味，更有年轻世代的用心。

料理人 // 黄瀞仪, 郑敬峰
地点 // 凤凰来手作炸鸡屋, 台南市

咸酥鸡·炸鸡皮

供 2 人食用

准备时间: 30 分钟

烹饪时间: 5 ~ 7 分钟

- ☐ 生鸡皮 300g

- ☐ 酱油 1 大匙(上色用,
  根据个人口味增减)

- ☐ 水 1 锅

- ☐ 油足量

- ☐ 胡椒粉适量

小贴士

油炸前可再用厨房纸巾以按压方式将鸡皮水分吸干, 油炸时才不会过度喷溅。下锅后需全程保持大火, 并不时以煎匙将油锅中的鸡皮分开, 才可炸出片片酥脆的效果。

1 先处理生鸡皮。将生鸡皮清洗, 拔净多余鸡毛, 去除内面油脂, 只留下皮层。

2 烧一锅水, 水量以能淹过鸡皮为标准。水沸腾后, 将生鸡皮下锅余烫, 过程中加入酱油上色。约八分熟后起锅, 将鸡皮沥干、放冷。

3 冷锅入油, 油量要能淹过鸡皮为佳。大火将油温烧至 185℃ 左右, 将鸡皮放入油炸 5 ~ 7 分钟, 待鸡皮呈现金黄色, 即可起锅。

4 将油分沥干后, 趁热撒入适量胡椒粉即可。

火鸡肉饭

热腾腾的白饭，铺满软嫩不柴的火鸡肉，淋上一匙油亮喷香的油葱酱汁，最好再压一颗边缘焦香的半熟荷包鸭蛋——火鸡肉饭不仅是早期嘉义人习以为常的奢侈，更是闻名全台的地方代表美食。

像是要和卤肉饭分庭抗礼一样，全台各地的小吃摊，也时常可见鸡肉饭的存在。然而，绝大部分的鸡肉饭，米饭上面铺的鸡胸肉丝或肉末，都是来自一般肉鸡，唯有嘉义的鸡肉饭，以火鸡肉为大宗。

嘉义的鸡肉饭之所以由火鸡肉独领风骚，主要因为邻近火鸡养殖区域云林、台南等地。火鸡引入台湾的原因，一说与日据时代饲育推广为军用肉食的需求有关，一说则是战后因美军驻扎台湾，也带来了食用火鸡的饮食习惯。

尽管台湾人并不像欧美人那样，会在感恩节或圣诞节时端上一整只大火鸡，但火鸡因为体形大，比起肉鸡价格相对较低，所以在早年物资缺乏的时代，成了更好的肉食选择。占了地利之便的嘉义小吃业者，便取火鸡为食材做成火鸡肉饭。将焖熟的各部位鸡肉或切成片，或撕成条，混合拣选铺在饭上，以焖煮鸡只的汤水熬煮成的咸香油葱酱汁提味，再舀入一匙喷香的鸡猪油，便成了嘉义一红数十年的王牌小吃。

光是嘉义市几乎每走三五步就有贩卖火鸡肉饭的小吃摊或店家，

登记者更超过一百五十家。各家无论新旧，都自有其秘方，也都养出了一票忠心的饕客。阿溪鸡肉饭便是名列老店的其中之一。

现年七十多岁的老板李水田，自退伍后便踏上了做火鸡肉饭的营生之路，至今将近半世纪。每天清晨三点起床，工作就是先将半夜送来的火鸡洗净，以清水煮过再焖，静待熟透之后，一一照部位分切。"一只火鸡大的话可以有十几公斤，平常日子大概要处理两三只，假日一多会到五只。"总是从深夜工作到天色蒙蒙亮，这天早上八点半不到，李水田已经在处理当天的第三只火鸡了。

处理火鸡不能靠蛮力硬剁，而是像庖丁解牛一般，从骨缝肉隙下手。"用剁的，骨头可能会碎在肉里面，就不好吃。"卸下的每一块火鸡肉，无论是鸡胸或是鸡腿，都得经过李水田的手里里外外摸个透，好好地去骨剥筋，确认只剩 Q 韧的鸡肉，再无其他杂质，才顺纹切片，铺到晶亮的白米饭上，淋上酱汁，送到客人面前。"不同部位的肉，吃起来感觉很不一样，所以要事先分好，盛饭的时候，各部位都用上一些，口感才会丰富。"

"早年做火鸡肉饭的人不多，想说反正每个人都要吃饭，我就跟着做做看，一做也几十年了。"对现在嘉义地区火鸡肉饭店家林立，竞争日众，李水田也认为这是一幅好风景。"每一家都有每一家的技术，我们就是做自己喜欢吃的口味，然后卖给客人。"一碗火鸡肉饭，火鸡是云林来的，米是西螺的，酱油是嘉义当地老店的，都是李水田往来甚久的伙伴，"每个环节都简单，也都重要。不要弄得太复杂，吃得才长久"。

火鸡肉饭

供 2 人食用

准备时间：1.5 小时

烹饪时间：10 分钟

鸡肉

☐ 火鸡腿 1 只（1～1.5kg）

油葱酱汁

☐ 鸡油 30g

☐ 猪油 20g

☐ 红葱头 10 颗

☐ 酱油 2 大匙

☐ 米酒 2 大匙

☐ 冰糖适量

☐ 五香粉或白胡椒粉适量

☐ 鸡高汤 300mL

1 先煮火鸡肉。将火鸡腿洗净去皮放
入锅中,注入淹过鸡腿的水量,煮
滚后转中火再煮10分钟,随后关
火加盖,让鸡腿在热汤浸焖40分
钟。之后将鸡腿取出放冷,水留作
鸡高汤使用。

2 制作油葱酱汁。将自火鸡腿上取下
的鸡皮切成小块,干锅中小火煸出
鸡油,之后将煸干的鸡皮取出,加
入猪油,混匀烧热后,下切碎的红
葱头,以中小火拌炒至金黄香酥,
加入酱油、米酒、冰糖、五香粉或
白胡椒粉,炒匀后加入鸡高汤,煮
滚后即可。

3 将鸡腿去骨,取下腿肉切成片状或
手撕成条,铺在白饭上,淋上油葱
酱汁,完成。

小贴士

可煎一颗半熟荷包蛋加在饭上,吃
的时候戳破蛋黄,让蛋汁、鸡肉、酱汁与
米饭混在一起,更是美味。

料理人 // 李水田
地点 // 阿溪鸡肉饭,嘉义市西区

盐水意面

一府二鹿三艋舺，排行老四是月津。月津，这个典雅的古盐水地名，很适合这样一个淳朴的镇区。就像这里著名的盐水意面，一球卷面、一匙肉臊、几片猪肉，简简单单，却能咀嚼出醇厚的口齿生香。

提 到台南市盐水区，闻名全台者有二，一是每年元宵节的蜂炮，再者便是盐水意面。

目前盐水地区制面厂约有十一家，当地面摊随处可见，每摊皆以盐水意面为主打。盐水意面的起源众说纷纭，一说来自粤菜中的"伊府面"，又说是郑成功当年手下驻扎在盐水的福州伙头兵制作流传；另一说是因面中加入鸭蛋，揉面时必须较为出力，会发出"噫、噫、噫"的声音而命名。这些说法目前尚难考证，倒是点出了盐水意面的一大特色：使用鸭蛋制面。

许献平《南瀛小吃志》"盐水意面"访谈中，提及福州人黄忠亮于1923年来台，因地方盛产鸭蛋，便用以制作全鸭蛋意面。虽然难以确定黄忠亮真是盐水意面的发明人，黄家家族也不再摆摊卖面，但现今盐水地区数家意面店如阿三、阿桐、阿姬、阿妙等，上溯到最初，煮面营生的技术皆由黄家辗转习得，也算是另一种开枝散叶。

在盐水区制作盐水意面的厂家中，范姓就占了三家，第三代范建玱是其中之一，"另外两家，一家是我的伯父，另一家是我大哥。我们制面的技术都是从祖父传承下来的"。系出同门，成品还是略有差异。范建玱做的盐水意面属于薄面，口感滑韧，却不因面体较薄而易烂。盐水区的面摊，各家皆用自己喜好厂家制作的面条，自有擅长。虽然才独立第二年，但范建玱与同为第三代的店家阿妙意面配合，相互培养出一票忠心的饕客。"如果我今天做的面稍微厚上一点点，阿妙就会来跟我说：哎，你今天做的面不对喔！"即使只差上那么0.01公分，长年煮面的人，筷子一搅下去就会知道。

鸭蛋让盐水意面有着其他面条没有的蛋香风味，日晒也是盐水意面得以保持一定韧性的原因。"用机器烘干的面，虽然可以比日晒还干，但很容易断掉，吃起来也没那么Q。"范建玱笑说自己没有研究那么多，只是从以前跟着父亲做面的经验，他认为面条跟着太阳日出而作、日落而息，升温降温都是缓步进行，或许是因此让面体有了充分的时间与温度作用，形成嚼劲上的特色。也因此，纵使耗工费时，每日产量有限，他仍旧坚持以人工晒面、翻面，希望能够保留最原始的滋味。

盐水意面（干面版）

供2人食用

准备时间：1 小时
烹饪时间：10 分钟

意面

- [ ] 盐水意面 4 ~ 5 片
- [ ] 豆芽菜 30g
- [ ] 韭菜 1 枝（切成 4 ~ 5cm 的段）

肉燥

- [ ] 绞肉 300g
- [ ] 红葱头 10 颗
- [ ] 酱油 3 大匙
- [ ] 米酒 1 大匙
- [ ] 白胡椒粉 1 小匙
- [ ] 水 600mL
- [ ] 冰糖 10g

肉片

- [ ] 里脊肉 60g
- [ ] 盐 1 小匙
- [ ] 米酒 1 大匙

小贴士

如果要做成汤面，意面也要另起一锅煮熟，再下至准备好的面汤里。不建议面与汤同煮，免得汤浊面烂。

1 先炖肉臊。红葱头拍碎切末，热锅入油，下红葱头末炒香，加入绞肉拌炒至半熟，自锅边炝入酱油、米酒后续炒，均匀后再加入白胡椒粉翻炒至香；加水煮至沸腾后，移入汤锅，加冰糖，小火加盖炖煮至少40分钟。

2 准备里脊肉片。锅中注入清水淹过里脊肉块，煮至沸腾后，加入米酒与盐巴，小火略煮 3 ~ 5 分钟后，关火加盖焖 10 分钟，取出肉块放冷，切片备用。

3 烧水，沸腾后下面条，一边煮要一边将面条搅散。约煮 2 分钟即捞起沥干，盛入碗中；再将豆芽菜与韭菜段下水，烫熟后捞起置于面上，舀入炖好的肉臊，铺上里脊肉片，完成。

业者 //
范建玱（范家意面，上图）
料理人 //
陈淑妙（阿妙意面）
地点 //
范家意面，台南市盐水区（制面厂）
阿妙意面，台南市盐水区（食肆）

清烫牛肉汤

如果你愿意先花上十小时，辗转熬出一锅牛大骨高汤；再于黎明时，至市场抢下刚送至摊前不久的温体牛肉；最后只需用三秒钟，将沸腾的高汤冲进盛着生牛肉片的碗里——你便能获得一碗府城专属的清烫牛肉汤。

社 群网站上一度有人发问："过去台湾是农业社会，农业社会的人不吃牛，为什么会说台南人早餐都吃清烫牛肉汤？"

根据作家王浩一在《台南清烫牛肉汤指南》中的说法，清烫牛肉汤这款台南独家的早餐，远可上溯台湾的日据时代。日本人自明治维新之后，学着欧洲人开始吃牛，到了殖民台湾时，更在台南、高雄一带发展畜牧业，遂让台湾出现牛乳、牛肉等食材。至于台南之所以能有食牛风气的兴起，主要因为此地属于商业大城，富豪士绅们并不像农夫，与牛有情感上的联结；在向日本人习得享用牛肉的习惯后，也就吃得理所当然。"在府城吃牛肉，是经济的问题，而不是文化的问题。日据时期，牛肉美食已经是经济状况良好的府城人家的必备食材。"王浩一如是解释这件事。

又因为台南邻近牛肉产地（善化区），每天都能取得新鲜的温体牛肉，府城发展出的牛肉料理，不是久炖慢熬的大块肉，而是"浓汤薄肉"的手法——久熬的滚烫高汤，冲入装着手切生牛肉的汤碗中，以高汤将牛肉瞬间烫至半熟，粉色的肉片鲜嫩顺口，高汤浓甜不腻，一整碗都是牛的鲜味。

"台南目前大概有三百家清烫牛肉汤。其实只要是温体牛肉并且处理得好，说穿了肉本身都差不多。真正决胜负的点，还是在汤头。"经营了十八年的"西罗殿牛肉汤"店，六年前从父亲手上接过招牌的第二代老板黄光正这么说。

承袭父亲的方式，黄光正仅使用牛大骨与蔬菜作为高汤基底，其他就是用时间换取。一碗"三秒冲"的清烫牛肉汤，得先熬上好几轮。"明天要用的高汤，就是今天早上熬三小时、焖三小时，中午准备打烊前再熬三小时，然后焖到明天开店，再重新加热。"黄光正指着后面的一大桶牛骨高汤。"我没有连熬黄金七十二小时啦。"他笑。

每天凌晨三点，温体牛肉自善化送来，大约三点半，黄光正便开始一天的工作。"牛肉要赶快处理，不然会氧化。"将牛肉分出腹、肩、腿等不同部位，去除多余的油膜杂质，肥瘦也略做分类。将分好的牛肉块放在垫着冰块的布上保持低温，要烫之前才切。"客人要外带，会问是老人要吃的或病人要吃的，给嫩一点或瘦一点的。"

为什么清烫牛肉汤不是先将牛肉烫熟、加入清汤？"因为这样牛肉的营养就都在烫肉的热水里面，不是在汤里了啊。"台南人吃清烫牛肉汤，讲究的是原汁原味全盘吸收，一定要将牛肉所蕴含的营养全数送上，且为了将温体牛肉的新鲜优势发挥到极致，西罗殿牛肉汤既不加中药也不加米酒和姜，让人一口喝下的是无干扰的纯粹。"所以内行人吃牛肉汤，都是一大清早就来、汤一冲好就趁热吃，因为这时候肉最新鲜、最嫩。而且人体在早上的吸收能力比较好，才不会浪费牛肉汤的营养。"一碗小小的牛肉汤，也要做到最巧，才能食得最好。

料理人 // 黄光正

地点 // 西罗殿牛肉汤, 台南市北区

清烫牛肉汤

供 1 人食用

准备时间: 3 ~ 5 小时

烹饪时间: 3 分钟

☐ 牛肉 100g (肩胛、腹肉、
　腿肉皆可。视个人肥瘦喜好)

☐ 牛骨高汤 350mL

高汤

☐ 水 3000mL

☐ 牛大骨 1200g

☐ 西红柿 1 个

☐ 洋葱 1 个

☐ 牛蒡 1 根

☐ 盐适量

1 先熬高汤。将牛大骨洗净放入锅中,
注入冷水淹过牛大骨, 加热至沸
腾即关火, 将汆烫过的牛大骨取出
洗净。

2 将西红柿、牛蒡与去皮后的洋葱和牛
大骨一起放入锅中, 注入 3000mL
冷水, 大火加热至沸腾后, 加盖转小
火熬 30 分钟; 关火后焖至降温, 到
可用手触摸锅身的程度, 再开大火
加热至沸腾,加盖转小火熬 30 分钟,
再焖。如此重复 3 ~ 4 次,完成高汤。

3 取切成薄片的生牛肉与适量的盐,
置入碗中, 将滚烫的牛骨高汤直接
冲入碗里即成。

小贴士

切牛肉片时要逆纹切, 这样吃起来
肉才会嫩。

豆瓣酱

台湾冈山的豆瓣酱，可溯源至四川。因为战争，流离至岛屿的人们在异乡复制起家乡的滋味，让一匙可蘸可拌更可入菜的醇厚浓酱，在南方的厨房，站稳了独特的一席之地。

冈山有三宝："羊肉、蜂蜜、豆瓣酱"。这三宝来源非因冈山本地物产丰富，而是源于冈山属商业小镇，邻近区域的物产，都会来这里汇集交易，间接成为当地知名特产。而提到豆瓣酱，有六十多年历史的明德老酱铺，可说是冈山地区的代表品牌之一。

明德老酱铺创办人刘明德，祖上河南，因战争迁移到四川，遂在四川娶妻落户。1948 年随着军队来台，跟着空军驻扎在冈山一带。

刘明德原本是空军士官，然因故离开部队。为求营生，想起四川家乡的豆瓣酱，便与妻子尝试以此为业。夫妻俩买入黄豆与辣椒，从一缸、两缸开始制酱，制成后便骑着脚踏车到附近眷村兜售。眷村川人不少，见了家乡味自然喜出望外，刘明德的酱料事业便由此展开。

"那时我祖母都要手工切辣椒，切到手掌又红又烫，晚上还得泡冰水。"第三代刘宇邦说起祖父一辈的制酱过程，依旧历历在目。"后来生意做起来了，就开始请员工；员工做久了学到技术，自己也会出去创业,于是冈山就越来越多的人在做豆瓣酱了。"

是以,冈山豆瓣酱之所以知名,并不是冈山产黄豆,纯粹是移民带入的饮食文化。

祖父无心插柳的糊口之道,酿出了一地的饮食风景,更成就了刘宇邦的童年印象。"小时候我们家里做菜就经常使用豆瓣酱,最常吃的就是红烧牛肉面、炸酱面、回锅肉等,甚至还会拿大饼、馒头,直接蘸豆瓣酱吃,所以豆瓣酱对我来说是很一般、很生活的东西。"带着家族基因,原本北上工作的刘宇邦,在 2000 年决定返乡接班,"虽然是正式接了才开始学,但多少都还记得以前祖父古法制酱的过程,所以也不算完全陌生。"

在台湾发展了半个世纪多,明德的豆瓣酱与四川的豆瓣酱,因为食材的地方差异,产生了很大的不同。"我们除了蚕豆,还加入黄豆,滋味上虽然没有四川豆瓣酱的强烈,却多了一分回甘的鲜味。其他步骤都还是遵照古法,该晒的时候晒,该等的时候等。"例如,一款陈年豆瓣酱,得在缸里酿上足足一百八十天,其间还得定时翻搅,让发酵得以更加完全。"我们选用的辣椒,味道温和,辣而不呛,是台湾人比较喜好的口味。来自美国、加拿大的黄豆,以及澳大利亚的蚕豆,蛋白质含量丰富,也更进一步提升了酱的醇厚感。"走在酱厂中,空气里处处飘散着酱香;广场上的酱缸一掀,时间酝酿出的馥郁气息霎时间充满周身;尝一口成品,咸香回甘,浓而不烈,不只适合入菜,也适合调成蘸酱。尤其挂着冈山羊肉的食肆,桌上必定少不了一瓶豆瓣酱。喝一碗当归羊肉汤时,总是跟随着一小碟掺着姜丝、酱油膏与豆瓣酱的蘸酱。一肉一酱相辅相成,让地方名菜更为飘香。

台式炸酱面

供 4 人食用

准备时间: 30 分钟
烹饪时间: 20 分钟

- [ ] 绞肉 600g
- [ ] 豆干 300g
- [ ] 红萝卜 100g
- [ ] 小黄瓜 100g
- [ ] 蛋皮 100g
- [ ] 蒜头 4 颗
- [ ] 红葱头 4 颗
- [ ] 豆瓣酱 3 大匙
- [ ] 甜面酱 3 大匙
- [ ] 糖 1 小匙
- [ ] 白胡椒粉 1 小匙
- [ ] 水适量
- [ ] 酱油适量(喜欢重口味者可加)
- [ ] 盐适量(喜欢重口味者可加)
- [ ] 白面条 4 球

小贴士

炸酱的口味建议比平时能接受的再咸一些,拌入面条时才会刚刚好。

1 蒜头、红葱头拍碎切末,豆干切丁,红萝卜、小黄瓜、蛋皮切丝,备用。

2 热锅入油,下红葱头末炒香,加入绞肉拌炒至半熟,加入蒜末续炒,八分熟时加入豆干丁。

3 食材拌炒均匀后,加入甜面酱与豆瓣酱续炒,太干可加入适量的水。炒匀后加入糖与白胡椒粉,重口味者可再加适量酱油与盐调味。

4 烧水,沸腾后下面条,熟后捞起。将沥干的面条盛入碗中,红萝卜丝、小黄瓜丝、蛋丝置于面条上,舀入炒好的炸酱铺在上方,完成。

业者 // 刘宇邦
地点 // 明德老酱铺,高雄市冈山区

古早味什菜汤

红烧肉的馥郁，笋干的酸香，炖得入口即化的菜蔬，融合所有繁复滋味的菜汤……什菜汤是过往大宴后的余韵不绝，更是可遇不可求的鲜美。没有宴席的时候，要煮出一锅菜尾，考验的是掌厨人的耐心与组合菜肴的智能。

什菜汤，顾名思义，就是"什么菜都有的汤"。是以闽南语念为"杂菜汤"，更准确的说法是"菜尾"，其实是自台菜中的办桌菜衍生而出的料理。

菜尾有时指的是将喜酒筵席上吃不完的菜肴打包回家，重新煮成一锅的剩菜总烩（见 69 页，菜尾鸭）。之所以会出现这样的料理，一开始是因为台湾早期宴客办桌，许多设备如桌椅棚台，都要四处商借。也因此，主厨（当地称为总铺师）会将宴客后的残羹剩肴全部"大锅煮"，再加入一些新的食材，重新熬炖调味，让主人在归还设备时，一并分送菜汤给出借桌椅的左邻右舍，答谢对方的协助。而当办桌外烩成了全套式含硬设备的专业服务，宴后不再需要赠菜致谢，菜尾就成了来客对料理的珍惜，带回家一煮再煮、煮到略带发酵气味仍爱不释口。有钱人家甚至会在宴客时多开两三桌，没人坐但菜照上，只为了结束后有足够的菜尾"食材"可供混煮，留给自己享用。

这样的菜尾，广纳喜宴上如鱼翅羹、佛跳墙、笋干封肉、红烧鱼等山珍海味，若是没有那一道道宴席大菜做前身，什菜汤要能煮出"菜尾"的真味，并不容易。

也因此，早期总有些标榜什菜汤的店家，是去饭店餐厅搜罗残羹剩肴来烹煮贩卖，业者与饕客相互心知肚明，互不戳破。自制古早味什菜十多年的邱老板也曾是桌上客之一，"我年轻时很爱吃什菜，就到处去吃。"喜欢吃什菜也没什么特别的道理。"老人就爱吃古早味嘛。"他哈哈一笑。

吃得多了，知晓一些坊间的做法，想想就决定还是自己试做，换得一份安心。"那时自己经营自助餐，有的是材料，就自己做看看，做成功了，分给朋友一起吃。"朋友吃了大赞不已，他便收了自助餐，转为一爿小店，专卖这款自己最爱的吃食。

为了将新鲜材料烧出什菜的"菜尾味"，邱老板经过多番尝试，炸炒炖煮样样来，内容物也有过数次调整，才得出目前最满意的口味——一大块事先炖得软烂的红烧肉，融合在蔬菜、豆皮、鱼丸、香菇、笋干等各色菜蔬熬煮成的羹汤里，酸咸适中，浓而不腻。"我将羹汤常用的白菜改成高丽菜。白菜性寒伤胃，高丽菜顾胃，吃起来对身体比较好。"不只顾美味，料理中还融入了他的健康哲学。

"我们的什菜汤，不管客人什么时候来吃，吃到的东西跟味道都是固定的。"相较于部分店家会随着食材价格更换内容，滋味也因之出现差异，邱什菜坚持十数年如一日，每一碗都是相同的质量。邱什菜一家人就这样日复一日，一天卤肉，一天炖菜，菜肉分隔静置到隔日后两相混合，以肉的卤汤进一步复熬，用时间换取满锅精华。

古早味什菜汤
（居家简单版）

供 4 人食用

准备时间：1 天

烹饪时间：1 小时

卤肉

☐ 猪后腿肉 1 块（约 600g）

☐ 笋干 200g

☐ 酱油 100g

☐ 米酒 100g

☐ 蒜头 4 ~ 6 颗

☐ 冰糖适量

☐ 水

什菜

☐ 高丽菜 300g

☐ 白萝卜 300g

☐ 干香菇 50g

☐ 鱼丸 200g

☐ 豆皮 50g

☐ 扁鱼（比目鱼干）10g

小贴士

炖煮猪肉时要翻面，才炖得完全。

可加入市售中药卤包同炖。

1 先卤猪肉。将成块的猪后腿肉略炸（若不方便炸，汆烫亦可）。锅中起油，下蒜头略炒后，放入猪肉，锅边炝入酱油与米酒，翻炒后加水至淹到猪肉八分高，煮滚后移到汤锅，加入洗去多余盐分的笋干，下冰糖，加盖小火炖煮至少1小时后，关火续焖，室温放上至少半天到一天。

2 高丽菜剥成片状，白萝卜切块；干香菇加水泡软，拧干切半（或切片）。扁鱼切碎，起锅入油，小火煸至酥香，加入香菇翻炒至香气散出后下高丽菜炒至略软，加入泡香菇的水，小火略炖，之后盛起放冷，移入冰箱放至隔天。

3 将前一日炖煮好的2加热，再加入1以及鱼丸、豆皮等，以猪肉的卤汤再次熬煮所有材料，大火煮滚后，转小火加盖焖炖约30分钟，烂熟入味即可。

料理人 // 邱清舜

地点 // 古早味邱什菜，高雄市鼓山区

香蕉冰

一球细致如雪、透着微微香蕉气息的香蕉冰，是台湾南部特有的古早味。清甜纯净的泉水制成绵密口感的冰品，搭配覆盖其上的蜜豆，或是斜插在旁的饼干片，即便不是夏天也引人垂涎。

就像太阳饼（见132页）里没有太阳一样，香蕉冰里也没有香蕉。"香蕉冰里的香蕉味，其实是加了食用性香蕉油（乙酸异戊酯），这是一种人工香精。同样的冰品，在旗山叫香蕉冰，在美浓叫清冰，在台南叫水冰。"常美制冰本铺的第二代经营者郭国格这么说。

常美制冰本铺位于旗山老街上，迄今已七十多年。旗山是台湾著名的香蕉产地，第一代经营者是郭国格的母亲，"常美"即为母亲的名字。"刚开始妈妈开的是杂货店，卖一些油盐等生活用品，兼卖凉水、刨冰等。"二十多年前，郭母突发奇想，自国外买入机器，以成本较低的清水、糖与香精制起冰来。许是因冰品本身的滋味与旗山当地的香蕉农产相融合，香蕉冰的名称不胫而走，一红数十年。

20世纪四五十年代物资缺乏，乡镇地区务农为业，平日也没有什么零食可以享受。一碗简单的微甜清冰，加上自制的蜜豆，就是最豪华的休闲零嘴。彼时香蕉冰在南部受欢迎的程度，甚至在喜宴上都不缺席——作为压轴甜品登场，除了水果之外，往往还有一只保丽龙箱，里头装着十数个小圆盒的香蕉冰，丰富一点的，冰里还掺了葡萄干。在白色的冰层中冻得微硬的果干，混着冰的甜味，细细咀嚼，气味特别浓郁。"到现在还常有农家一大早先来买上一包，用保丽龙箱装着保冷，带到田里去，等到大概十点多，就吃个冰休息一下。"

自航空公司退休的郭国格，小时候很不喜欢家里这爿小店。"过年过节大家都出去玩，我们却被绑在家里顾店，就很讨厌。"成年后出外打拼，从来也没想过要回家接班，直到父亲过世，见母亲年迈，还是决定返乡陪母亲制冰。2009年八八风灾，旗山灾情惨重，郭国格的儿子、女儿都回来帮忙整理，风灾过后，第三代也跟着留了下来。"香蕉冰制作很简单，其实和做冰激凌一样，但其他配料的准备就很费工。而且香蕉冰一定要用机器、在低温下定速搅拌，还得现做现吃最好。买回去放冷冻，香气会渐渐消散，吃起来也没那么绵密了。"跟着父亲工作几年，第三代郭人豪也渐得制冰心法了。

如今常美制冰本铺的"招牌冰"，融合了常美阿嬷传下来的香蕉冰，以及郭国格远赴新加坡、意大利研习制作的各种口味冰激凌，再依据季节，加上自家熬制的蜜红豆、芋头、蕃薯等配料。香蕉冰的清爽，配上冰激凌的香甜，与蜜豆形成不同层次的口感，春夏秋冬，都有许多支持者远道而来，品尝这小小一盅的五彩缤纷。

香蕉冰
（居家无机器克难版）

供 4 人食用

准备时间: 1 天

烹饪时间: 1 小时

☐ 水 1000mL

☐ 糖 100g

☐ 香蕉油数滴

冰胆

☐ 铁锅大、中、小各 1 个

☐ 水

☐ 盐

1. 先制作冰胆。取三个不同尺寸的铁锅，先在最大的铁锅中注水至大约 1/3 的高度，放入相叠的中铁锅与小铁锅，在小铁锅中注入水，到中铁锅"不至于沉底与大铁锅相贴、又不会浮起来"的程度。之后放置冰箱冷冻到结冰。

2. 取出结冰的铁锅组，将小铁锅卸下，在中铁锅与大铁锅之间的冰层撒入盐巴，以保持更长时间的低温。

3. 将水、糖、香蕉油搅拌均匀后，倒入中铁锅，趁低温不断搅拌，及至原料液体慢慢凝结成冰泥，即成基本的香蕉冰。

4. 以汤勺挖入碗中，可另外加入冰激凌、蜜红豆、蜜芋头或其他喜欢的配料。或也可加入较浓的冰茶里一起食用。

料理人 // 郭国格，郭人豪
地点 // 常美制冰本铺，高雄市旗山区

宫保怪三宝

黑乎乎的鸭血、飘着刺鼻气味的皮蛋、臭到叫人不知如何是好的臭豆腐——台湾人热爱的食材，是外国人眼中的怪菜。在创意新台菜的料理手法中，『三怪』却齐聚入锅，在大火热炒中变身为广受欢迎的『三宝』。

近几年来，台湾兴起一波"台菜复兴"运动——这里指的台菜，不是路边摊或夜市小吃，而是办桌菜、酒家菜、阿舍菜等相对精致的台式料理。由于时代的变迁与饮食习惯的改变，诸如鸡仔猪肚鳖、鱿鱼螺肉蒜、红蟳米糕等耗时繁复的大菜，不只逐渐消失在餐桌上，也消失在世代的记忆里。许多人对台菜的印象，多半是"圆桌合菜""大火快炒""口味重""适合下酒"等路边海产摊的认知，粗菜饱食，登不上大雅之堂。

"的确很多人会将台菜和热炒画上等号，甚至好像只要会甩锅把菜炒熟，就可以称为台菜师傅。其实台菜有很多深奥的厨艺与要求，以及手路传承的技术，并没有那么简单。"创意台菜餐厅"肥灶聚场"老板刘学元这么说。

台菜，虽与中国各大菜系有诸多相似之处，但一方面因地方食材的差异，以及台湾因历史与移民带来的特色，使得台菜在以闽南与客家的主要基底上，还融合了日本与中国各省菜系的风格。传统台菜的精彩，发生在宴客酒席或富裕人家的餐桌上，例如日据时代，规模豪奢的酒家是官员富商、文人雅士们应酬的场合，每一道菜都必须做足主客的面子，厨师们自然使出浑身解数烹煮佳肴。又如地方具有身份地位、被称为"阿舍"的望族世家，家中通常雇有能够应付主人随性点菜的私厨，也让阿舍菜丰富了台菜的样貌。

"食物是很有文化力的。"刘学元有着丰富的餐饮背景。相关学科出身的他，曾在来自北欧的大型家具商场餐饮部门工作十多年。他眼看着这个企业品牌不只以平价设计家具征服全球，更以一道外观不甚起眼的肉丸子，将家乡味的文化力扩展到世界各个角落。"我常在想，台湾能不能像其他地方一样，不只有自己的代表菜色，还能进一步传递给全世界？"

秉持着这样的想法，加上在就读餐旅管理研究所时，认识了台南善化老台菜餐厅的第三代接班人李育州，刘学元便决定与他一起创业，以传统台菜为基础，顺应现代人的饮食特性，做出符合时代延展与改变的新台菜。

例如，昔日的酒家菜，因为需要帮助客人下酒，口味多半偏重，往往少不了咸、炸、酸、烩、辣等滋味，三杯或宫保，也都是时常得见的手法。三杯中卷、宫保鸡丁已经近乎家常到不稀奇了，"那像皮蛋、米血、臭豆腐，这三种外国人眼中的'恐怖食物'，很多外国人不敢吃；但我们试着把它们用宫保的方式来料理，得出这道'怪三宝'，常有客人带外国朋友来试，多半都会喜欢。"究其原因，无非是厨师将食材事先或蒸或炸，处理掉容易令人退避三舍的气味，再将之重新调和翻炒。看起来又是一盘寻常热菜，然三宝香气扑鼻，外皮酥脆，内里均匀融合酱料，细细咀嚼，每一口都可吃出用心之处。

"我们现在做的，是台菜 2.0。"不走单纯的复古，舍弃形式上的怀旧，而是以创新的心意，将台菜提升到另一个层次。

宫保怪三宝

供 2 人食用

准备时间：30 分钟
烹饪时间：15 分钟

- ☐ 皮蛋 1 颗
- ☐ 台式臭豆腐 2 片
- ☐ 米血糕 1 片（约 300g）
- ☐ 干辣椒 20g（切成 2 ~ 3cm 的段）
- ☐ 葱 1 根（切 4 ~ 5cm 的段）
- ☐ 蒜 3 颗（拍碎）
- ☐ 姜末 1 小匙
- ☐ 酱油 1 大匙
- ☐ 西红柿酱 1 大匙
- ☐ 醋 1 大匙
- ☐ 味精少许
- ☐ 糖 1 小匙
- ☐ 花椒油 1 大匙

面糊

- ☐ 中筋面粉 100g
- ☐ 蛋 1 颗
- ☐ 油 1 大匙

1 先准备油炸三宝。臭豆腐一片切成6方块，皮蛋先蒸过切成6片，米血糕以热水泡软后切成长宽约2cmx3cm的方块。中筋面粉拌入蛋与沙拉油调成面糊，将皮蛋与米血裹上面糊后，蘸上地瓜粉。

2 油烧到摄氏180度，将蘸好粉的米血与皮蛋下锅炸3～5分钟至外表金黄酥脆，之后下臭豆腐炸约5分钟，至外皮略硬即可。

3 炒配料。热锅烧花椒油，先炒切成段的朝天椒，随后下姜末、蒜末同炒，沿锅边炝入米酒，略翻炒后加入2大匙水(或高汤)，随后将酱油、味精、糖、西红柿酱顺序加入，调匀后倒入三宝，大火拌炒后再下葱段，续翻炒，起锅前加醋再略拌炒，完成。

业者 // 刘学元
地点 // 肥灶聚场，台南市中西区

虱目鱼常令人又爱又恨。爱它煮汤的鲜甜、干煎的酥香；恨它处处埋伏、吐不尽的细刺。府城台南基于历史上的地位，让地方鱼商发展出『去刺』的服务，遂让人们得以轻松品尝虱目鱼的美味。

"我"在离开台南之前,从来不知道什么叫'无刺虱目鱼肚'。我以为虱目鱼都是没有刺的!"讲起"有刺"的虱目鱼和"无刺"的虱目鱼,台南人叶杏珍大笑起来。

虱目鱼以其鱼刺细而多恶名昭彰,但因鱼肉扎实鲜美、鱼肚肥嫩不腻,深得饕客喜好,在餐桌上的评价很是两极。"台南是台湾最早开垦的区域之一,早年发迹的富豪家族都住在这里,很多好东西自然就会往台南送。有钱人也喜欢吃虱目鱼啊,但在餐桌上吃鱼吐刺既麻烦又不优雅,所以商人就先一步加工,把鱼刺都弄掉,就出现无刺虱目鱼肚啦!"原本是提供给大户人家的专门服务,进一步成了府城特有的食材处理方式。

台湾虱目鱼养殖发展很早。由于虱目鱼属于热带及亚热带水域鱼类,若水温降至 14℃ 以下即有被冻死的可能,因此养殖区域分布于西南沿海一带县市,以嘉义、台南、高雄最多,被称为南台湾的"家鱼"。因邻近产地,南部对虱目鱼有"全鱼食用"的习性,鱼身、鱼头、鱼皮、鱼肠都是常见的盘中飧,其中鱼皮、鱼肠多以清烫食之;鱼身在取走鱼肚后,卸下的鱼背则进一步加工为鱼松。而受到运输保鲜与喜好影响,北部则以食用少刺的鱼肚为主,常以煮汤、干煎为料理方式。

坊间传说常将虱目鱼与郑成功连在一起。相传郑成功来台时,渔民献上虱目鱼为贡品,郑成问:"啥乜鱼(什么鱼)?"浓浓的泉州腔听起来音近"虱目鱼",渔民便以此命名,遂又另称国姓鱼。近代研究指出虱目鱼的西拉雅语发音为"masame",《台湾通史》也记载:"台南沿海事以蓄鱼为业,其鱼为麻萨末,番语也。"故较可能属原住民语之音转。

由于虱目鱼的台南性质如此强烈,当出身自中兴大学土壤系,常年在主妇联盟、农学市集工作的叶杏珍 2015 年决定返回家乡开设"汤食家"时,她的第一原则便是"采用友善环境的'在地'食材",即具备"在地"特色。在寻觅到以友善方式养殖虱目鱼的个体鱼户后,虱目鱼料理便成了汤食家的固定品项。叶杏珍过去的工作是替人把关食材,因此积累了不少经验,她自己的身体更是最好的检验机制。"只要一吃到不对的东西,我就会过敏。"朋友笑称叶杏珍简直是活体检测机。

有别于一般或汤或煎的料理方式,叶杏珍选择用清蒸手法,缀以美浓客家阿嬷用新鲜菠萝块、糖、粗盐、豆豉、甘草腌制大半年的荫菠萝酱,来凸显虱目鱼肚的新鲜甜美。"因为够鲜够好,才过得了清蒸这一关。否则一有腥味,就完蛋了。"而既然对食材有一定的信心,就更不需要过于繁复的烹煮过程,食物才能保留更多原味。

荫菠萝酱蒸虱目鱼肚

供 2 人食用

准备时间: 5 分钟

(制作荫菠萝酱需 30 ~ 60 天)

烹饪时间: 10 分钟

- [ ] 无刺虱目鱼肚 1 片(约 75g)
- [ ] 菠萝豆酱 10g
- [ ] 米酒少许

荫菠萝酱

- [ ] 新鲜菠萝 600g
- [ ] 细纱糖 30g
- [ ] 粗盐 60g
- [ ] 豆粕(黄豆曲)30g
- [ ] 甘草片 1 ~ 2 片
- [ ] 米酒 60mL
- [ ] 米酒(洗豆粕用)2 大匙

小贴士

只要是够新鲜的鱼货,几乎皆可以此手法烹调。唯蒸煮时间需视鱼肉厚薄大小而有增减。

荫菠萝酱

1 将玻璃瓶用热水煮过以消毒，静置晾干。

2 将豆粕用米酒洗过。

3 菠萝剖开分切成 6 份，将果肉切成约 1cm 厚的三角片。

4 以菠萝片—细纱糖—粗盐—豆粕之方式层层放入玻璃瓶，最后放上甘草片，倒入米酒。

5 封盖后放于阴凉处 30 ~ 60 天，菠萝片呈现出透明状即可。

蒸鱼

1 将无刺虱目鱼肚洗净、用纸巾以按压方式将水分拭干后，置于盘上。

2 将菠萝豆酱放在鱼肚上。

3 淋少许米酒。

4 蒸锅中放约 1 杯水，冷水起蒸 8 ~ 10 分钟即完成。

小贴士

制作荫菠萝酱时，从双手到工具，务必不可沾上一点水汽，以免发霉。

业者 // 叶杏珍

地点 // 汤食家，台南市

木须肉炒饼

要如何完美处理上一餐没吃完的菜肴？眷村妈妈用炒饼解决这个煮食者时常面临的烦恼。一片厚饼、各色菜蔬，热锅大火，炒出一盘镬气，是刻苦旧日的记忆，也是世代传承的朴实美味。

"**炒**饼其实就是家里冰箱有什么剩菜,通通下锅一起炒,就可以了。"

在眷村菜馆"李妈妈正北方面点"负责人马德凯口中,炒饼成了家家户户"清冰箱"的眷村菜代表。

台湾的眷村,泛指 1949 年至 20 世纪 60 年代为自大陆来台的国民党军队及其眷属所安排的房舍。全台各地都有分布,其中以台北、桃园、新竹、嘉义、台南、高雄居多,初始通常利用日据时代遗留下来的日本人住屋,其后因应需求陆续整建裁并。嘉义市的眷村区域,落在之前日本人建立的日本陆军航空队基地,即原本的东门町一带,全盛时期共有三十余处。

眷村地小人稠,群居着来自大陆不同省份的人们,也自然而然地汇聚起大江南北的各色菜肴。话虽如此,但眷村菜并不直接等于外省菜。很多军人来台,娶了台湾妻子,遂让台湾味也进入了眷村菜的一环。且彼时物资缺乏、生活节俭坚苦,眷村中的婆妈们无不相互切磋,将各自本事发挥到极致,只为了填饱一家肚腹。是以,眷村菜可说是具有平民、家常风格的创意料理。

"眷村菜可粗可细。有像腌笃鲜、狮子头要花很多工夫的菜色，也有面疙瘩、炒饼这种随时都可以快速上桌的餐点。"马德凯的母亲承袭河北外婆及四川祖母的面点手艺，餐饮科系出身的他，跟着母亲学眷村菜，开了这家眷村小馆，一方面保留家传回忆，也进一步推广眷村滋味。

其中他最喜欢介绍的，就是炒饼。"炒饼很简单，也几乎不必特别准备食材。小时候常看妈妈就是拿上一餐没吃完的菜，加上切好的烙饼一锅炒，就又是一盘新的菜了。"炒饼的制作只有一个要诀，就是水量必须足够，好让烙饼条得以充分吸收、融合所有食材的味道，除此之外，再无其他厨艺技术要求。其简易的程度，甚至在邻近学校举办的烹饪活动中，连小学生都可以和马德凯一起参与烹制。它不仅重新诠释了残羹剩肴的样貌，且使食物的层次再上一级，可说是"完食"的最高境界。

当然餐馆不能用剩菜来制作，但又该如何保有炒饼的朴实风味？"洋葱、木耳、红萝卜、蛋，这些都是便宜、家中常备、而且可以久存的材料，很适合用来呈现炒饼的特色。"四色蔬食成了马德凯的炒饼基底，加上猪肉丝与高丽菜，更丰富了口感与营养，让一道原本只是居家不甚起眼的菜色，也能端上台面成为人气料理。

木须肉炒饼

供 2 人食用

准备时间: 50 分钟
烹饪时间: 20 分钟

- 洋葱 30g

- 木耳丝 50g

- 红萝卜丝 50g

- 猪肉丝 100g

- 烙饼 1 张 (约 200g)

- 高丽菜 200g

- 蛋 2 颗

- 水 150mL

- 油 2 大匙

- 盐适量

- 酱油适量

烙饼

- 中筋面粉 200g

- 沸水 80mL

- 冷水 40mL

小贴士

如果没时间烙饼，可用市售葱油饼皮取代。

1 先做烙饼。将面粉堆成小山，中间拨成火山口状，倒入沸水后快速搅拌成团，再加入冷水揉成面团，静放醒面 30 分钟。

2 将面团擀平，用干锅小火将饼烙至饼面微微膨起，两面均匀上色后，起锅放凉，切成 1～2 厘米的条状。

3 鸡蛋打散，炒至七分熟左右，盛起备用。

4 锅中热油，中小火将洋葱丝炒香，加入木耳丝与红萝卜丝拌炒。

5 红萝卜略软时，入肉丝翻炒，下适量酱油上色炒香，肉丝微熟后将水倒入，转为大火，加入高丽菜拌炒，下盐。

6 高丽菜快熟时，将切成条状的烙饼与碎蛋加入拌炒，至锅中水分收干即可。

料理人 // 马德凯
地点 // 李妈妈正北方面点，嘉义市

西瓜绵鱼汤

早期农村的西瓜农，不只期盼西瓜长大，没能长的小西瓜，也能盐腌制成入菜的食材，既可丰富餐桌，又可贩卖贴补家用。这一颗颗黄绿软嫩的西瓜绵，配上油花可比和牛的龙胆石斑鱼片，细煮成汤，是朴实又奢侈的鲜美滋味。

"时常有客人
拿着菜单念：
西瓜、绵鱼、汤，
然后问：
什么是绵鱼？"
和兴号鲜鱼汤的老板娘王惠慧
一边说着，一边大笑起来。

西瓜绵是台湾南部沿海一带特有的腌菜,普遍出现在有种植西瓜的区域。瓜农种植西瓜时,为了让西瓜长得又甜又大,需要进行"疏果"的流程,让一株西瓜只留下一个果实。疏下的幼瓜也不浪费,就进一步用盐腌制、加工成西瓜绵,作为入菜的食材,是昔日农村刻苦俭实的气息。

西瓜绵具有去腥、提味、开胃的效果,可切块炒肉,也可切片煮汤,滋味酸香清爽;尤其能够中和海鲜的腥味,让鲜度更上一层。台南地区常见的烹调方式,多半是和在当地普遍的虱目鱼一同煮成鱼汤。吴朝荣与王惠慧转以龙胆石斑代之,煮来汤清肉甜,让鱼肉与西瓜绵更为相得益彰。

和兴号的前身,是1999年的"鱻鱼店"。原本从事贸易行业的吴朝荣中年转行,因一家人都喜欢吃鱼,加上自己平常在家就很爱煮菜,便决定转业卖鱼汤。"刚开始先去市场看人家怎么杀鱼,后来买一条鱼自己回来试。反正如果卖不掉,自己还可以吃。"

彼时台南地区刚好兴起"深海鱼汤"的热潮,鲈鱼汤、海鲡汤随处可见,与虱目鱼争地插旗,更与牛肉汤分庭抗礼。"后来大家慢慢习惯,早上喝牛肉汤,过午或晚上喝鱼汤。"因着对野生鱼的热爱,吴朝荣一开始非野生鱼货不卖,但质量难以掌控。他曾有过鱼买来、杀好之后,整个包起来丢掉的经历——铁门拉下来,告诉客人:"今天没有好鱼,没办法开店!"当天生意就不做了。

而在鱻鱼店歇业数年,正思索着如何东山再起时,夫妻俩一方面考虑海洋资源枯竭的问题,一方面找到优良的龙胆石斑养殖业者,便决定以龙胆石斑为主打,沿用吴朝荣父亲在家乡(台南市将军区)开设70年历史金纸铺的店名"和兴",重新打造"和兴号鲜鱼汤"。

老店新开,新的鱼汤店,当然希望有新的风貌,但更期待在新风貌中保留旧的传统,便出现了西瓜绵。"我的家乡将军,是台湾西瓜产地之一,也出产很多西瓜绵,我就把家乡的味道带来市区,和各地的人们分享。"吴朝荣和王惠慧试过数次,将西瓜绵鲜鱼汤调出最适切的比例,鲜甜微酸的汤头,配上Q弹紧实的龙胆石斑,虽是古早味,也很受年轻客群欢迎。

料理人 // 吴朝荣, 王惠慧

地点 // 和兴号鲜鱼汤, 台南市中西区

西瓜绵鱼汤

供 1 人食用

准备时间: 1.5 小时
（自烹高汤另需 4 ~ 5 小时）

烹饪时间: 20 分钟

☐ 鱼骨高汤 350mL

☐ 西瓜绵 40g

☐ 龙胆石斑鱼片 120g

☐ 米酒 1 小匙

☐ 姜丝适量

☐ 盐适量

鱼骨高汤

☐ 鱼骨（龙胆石斑脊椎骨、背鳍）1 尾

☐ 红萝卜 1 根

☐ 洋葱 1 颗

☐ 水 3000mL

小贴士

　　煮汤时可先下一半的西瓜绵薄片熬汤，煮鱼时再将另一半的西瓜绵薄片加入，可保留较多西瓜绵的口感。

西瓜绵

　　如果能搞到未熟小西瓜的话，可以在家尝试腌制。将小西瓜洗净、削皮，对切或四分切。加入盐巴拌匀、搓揉后压平，在上方压上重物，置于阴凉处发酵。过程中会出水，大约在第三天需略为翻面，需时七天即完成。

1　先熬鱼骨高汤。将龙胆石斑取下的脊椎骨与背鳍洗净后，以淹过食材的水量同煮，沸腾后捞起。在汤锅中注入水，放入烫过的鱼材与红萝卜、洋葱，大火煮沸后，加盖小火熬煮至少 4 ~ 5 小时。

2　取清水煮至 80℃ 左右，将鱼肉下水余烫（视鱼片厚薄 30 ~ 60 秒），至外表蛋白质凝固（半熟状态），即捞出沥干。

3　取鱼骨高汤与切成薄片的西瓜绵同煮，沸腾后加入烫过的鱼肉，再沸腾后下米酒、姜丝与盐巴调味，略煮约 20 秒，完成。

鸭肉粉丝煲

在台湾，专卖鸭肉的食肆并不少见，然以烤鸭、茶鸭或咸水鸭为多，冬天则再有姜母鸭加入战局。汉稼庄有别于常见的鸭料理，既有烦琐的餐馆大菜，也有居家得以自煮的简便菜肴，足见料理人对鸭的钻研之深。

"**我**们原本只是一般上班族,对料理一窍不通。二十几年前决定转行做餐饮,才就此投入到现在。"以鸭肉料理闻名台南的汉稼庄老板娘这么说。

汉稼庄位于住宅区巷弄内,位置虽不起眼,送往迎来的却都是十几二十年的老客人。当年在思考转行的当口,老板和老板娘夫妻俩只有方向(餐饮),没有目标,两人便一同去上遍所有能找到的料理课程。"西餐、中餐、意大利菜、日本料理……反正什么都学,中西式甜点也学。"正因为什么都不会,就砥砺自己要尽力将所有基本知识都弄清楚。这么一学,就学了五年。

"后来因为我们一家子都喜欢吃鸭肉,我和我老公就决定,那做鸭类料理吧。"当时的想法也简单:从自己喜欢的食材出发,做起来应该比较有热情,也更能持续。

夫妻俩都是寡言的人,只有聊到店内的鸭才会滔滔不绝。"我们用的鸭是高雄湖内区的电宰菜鸭,菜鸭的肉质比用来煮姜母鸭的番鸭嫩,味道也更鲜美。"两人掌握菜鸭的特色,开发出一道道令众多饕客垂涎不已的菜肴。例如,肉嫩骨酥的招牌"黄金香酥鸭"和皮脆馅绵的"芋泥鸭肉春卷",皆是两人花上许多心血改良而成的版本,受欢迎的程度,让他俩一周得匀出两天,只专心准备前置作业。

香酥鸭和芋泥鸭肉春卷做工过于繁复,比较不是自家厨房做得出来的菜色。"我们做的也不见得都是那么复杂的菜,还是有简单一点的。"鸭肉粉丝煲,就是老板娘口中"简单一点的鸭料理"。

"这道菜不一定要用鸭肉,鸡肉也是可以。"相对于鸭,鸡更是一般人家中的常备食材,两种禽肉炖起煲来做法相同,只是风味上略有差异。"鸭肉煮起来还是比较香,汤头也比较甜一点。"虽是少了招牌菜的华丽手法,还是得余炸煸炒等烹饪技术都上过一轮,再以砂锅慢火细炖,让所有食材在锅中混合一气。芋头一半熬到融入汤汁,另一半保留粉绵口感;栗子的甜渗入了鸭肉的香,粉丝更是吸足所有食材的精华,所有滋味在汤里交融,一整锅的相辅相成。

一家低调的巷弄小店,持续飘香了二十年,朴实的夫妻对外界的称赞不甚在意,只一心专注在端上台面的每一道鸭料理。

鸭肉粉丝煲

供 2 人食用

准备时间:2 小时
烹饪时间:30 分钟

☐ 鸭肉 1/4 只

☐ 宽冬粉 1 把

☐ 芋头 1/2 颗

☐ 栗子 8 ~ 10 颗

☐ 小胡萝卜 8 ~ 10 根

☐ 葱 3 根

☐ 辣椒 3 条

☐ 蒜头 4 ~ 6 颗

☐ 姜 6 ~ 8 片

☐ 酱油 1 大匙

☐ 麻油 1 大匙

☐ 绍兴酒 1 大匙

☐ 蚝油 1 大匙

☐ 胡椒粉 1 小匙

☐ 糖 1 小匙

☐ 水 800mL

小贴士

上桌前可再滴入几滴绍兴酒,增添香气。

1 先备料。鸭肉剁块、氽烫去血水；
冬粉泡软。干栗子泡冷开水2小时，
再将残留的壳膜挑干净后氽烫。小
胡萝卜氽烫，芋头切块以一般食用
油略炸。葱取1根切段，另2根切
葱花。辣椒剖开去籽切段。

2 锅中下麻油，小火先煸姜片，之后
下鸭肉煸炒至有香味后加水，大火
煮至沸腾后将材料与汤汁移至砂
锅，再将1/2的芋头块、栗子、小胡
萝卜、蒜头、辣椒、葱段加入同煮。

3 将酱油倒入蚝油当中拌匀加入锅
中，加入胡椒粉、糖、绍兴酒，中小
火熬煮15分钟。

4 倒入另1/2的芋头块续煮，并将锅
中所有食材拌匀。冬粉烫熟后拌
入，再略煮1~2分钟，撒入葱花，
完成。

地点 // 汉稼庄，台南市东区

台湾南部 |

苗栗

三义

大安溪

甲 和平

溪

台中

彰化

乌 溪

仁爱

埔里

集集

日月潭

浊 水 溪

信义

云林

嘉义市

嘉义

桃源

六龟

高树

雾台

三地门

台南

高雄

台东

台 湾 海 峡

宜兰

秀林

花莲

寿丰

凤林

花 莲 溪

光复

瑞穗

玉里

长滨

富里

成功

太 平 洋

3

4

5

2

1

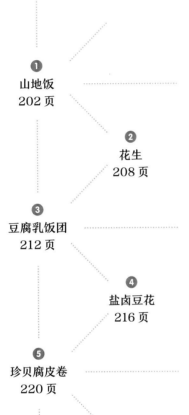

台湾东部

好山好水，孕育出优质、有机的好米好菜。生活步调相对悠闲的此地，作物也能以最顺应自然的韵律生长。端上桌的，都是主打原味的自信与骄傲。

山地饭

山地饭，是排湾人最寻常、也最温馨的料理。当所有人围坐一起，各自拿起自己的汤匙，挖食着面前充满野菜的稠糜时，吃下的，不只是部落的家常味，更是族人之间的体贴与情感。

山地饭是排湾人和鲁凯人的家常饭。用平地人的眼光看，像是一道青菜稀饭。山地饭用排湾人语讲是 Pinuljacenjan（音：比努拉称安），意思就是"加了很多野菜的饭"。看起来简单，做起来的确也不难，其中却有着原住民部落与家的意义。

"每一个部落的老人家都会煮山地饭，在任何时候都可以煮来吃，不限于特定节庆。尤其是小孩从外地回来时一定要煮，大家一起吃，像是团聚一样。"传统山地饭并不分食，而是所有人围着锅子坐成一圈，大家各自拿着自己的汤匙，从自己面前的范围开始，由外而内、一口一口挖着吃。不可以随心所欲乱挖，更不能戳来戳去或搅来搅去。"吃多少挖多少，而且要留给还没回来一起吃饭的其他家人，这样吃才不会弄得乱七八糟，也不容易坏掉。"对排湾人来说，山地饭不只是一道饱足的料理，最重要的是乐于分享的精神。

排湾人夫妻档 Beya 和 Aiku 共同打造的咖啡店 Kituru，原本开设在台东市区，2017 年决定搬回老家大溪部落。贴临山海的迷你小镇，一天停靠的火车班次不多，然仍有不少旅客专程寻访，来吃一客山地饭。

"Kituru"在排湾人语中是练习、学习的意思。店内墙上写着：只有通过不断学习，反复地练习，才能将文化融入生活中。对 Beya 和 Aiku 来说，开店的很多事务，就是 Kituru 的语意彰显。"刚开店的时候，我们讨论要卖什么餐。一般咖啡店的餐都是三明治或意大利面，但我们感觉那和自己没什么关系。"希望自己经营的不只是一家咖啡店，而是一处能和部落有更深联结的空间，Aiku 就向母亲学习山地饭的做法，搬到店里卖。"一开始还被笑！大家都说：哎哟这个自己家里就会煮了，谁要来吃啊。"

没想到大家都来吃。不只非原住民来吃，外国旅客也很有兴趣来吃，就连原住民自己也来吃。年轻的、年老的，通通都来了。"很多部落人口愈来愈少，家里也都不煮了。年轻人对山地饭很陌生。"有别于传统型的大锅饭，Beya 和 Aiku 推出一人分量，让一个人想吃的时候可以吃，也让没吃过的人有机会尝试。"很多族人会来，也有卑南人和阿美人的老人家来。一边吃，一边和他们年轻世代的家人讲起以前的故事，讲这样的饭在自己的部落会怎么煮，讲因为谁不在了所以就不煮了……有老人家讲一讲就哭了。"Aiku 从来没想过，一道山地饭，竟成了部落与部落、世代与世代之间的联系。"这道餐真的就是一种分享，分享给没有吃过的人，也分享给想家的人。"

料理人 //Aiku（左），Beya（右）

地点 //Kituru，台东县太麻里乡

山地饭

供 6 人食用

准备时间: 20 分钟

烹饪时间: 30 分钟

- ☐ 白米 3 杯
- ☐ 小米或红藜 0.5 杯
- ☐ 芋头粉 0.5 杯
- ☐ 南瓜丝 200g
- ☐ 刺葱 100g
- ☐ 季节野菜 3 ~ 4 种 (龙葵、山莴苣、
  紫背草、昭和草皆可) 各 150g
- ☐ 水 2000mL

1 先将生米煮成稀饭。锅中烧水, 沸
  腾后将洗好的米倒入, 大火持续煮
  到米芯爆开。

2 加入小米或红藜、芋头粉, 此时需
  要视状况开始搅拌, 以免粘锅。

3 将南瓜丝与洗好略切的绿色野菜
  加入锅中, 中火一边熬煮一边搅拌,
  直到水分完全收干即可。

小贴士

山地饭一定要加的野菜是刺葱 (食
茱萸), 没有刺葱, 可改用 A 菜 (台湾莴
苣) 或香菜代替。而山地饭不加盐巴, 以
呈现食材的原味。可另外搭配口味较重
的小菜 (Kituru 的配菜是咸鱼块、豆腐
乳、姜片炒肉), 吃的时候更开胃。

对于山地饭，Beya 说：

"我们吃的就是一种家的味道。"

花生

你是否知道，丢进嘴里三秒嚼完的炒花生，加工过程这么复杂：从土里拔出后要洗，要晒；然后人工剥壳，一颗一颗挑选。拣选出的上品，在烧到高温的盐堆中翻炒出香气，少一分不浓，多一分则焦。想要浓缩土地滋味，自是不易。

台湾花生的主要产地其实不在花莲，而在西部，以云林县为最大宗。"西部的花生与东部有什么不一样？从土质开始就有不同，西部多黄色的沙质土，花莲这里是黑土，沙中还带泥。花莲的纬度也比云林高，日照较短，花生的成长比较慢，需要的时间较长一些。"回到花莲继承家业的钟顺龙，今年是踏入花生种植的第五年。

说是继承家业，再准确一点，其实是继承母亲刘秀霞炒花生的手艺。"以前家家户户都会炒花生，没什么稀奇。"母亲原本只是炒来当自家零食，十多年前一次文化局的活动展售会，炒了一些上场贩卖，就此打开口碑，便进而少量销售。约莫八年前，母亲表示想退休，原本

花生是风土。

离乡在外的钟顺龙，惊觉这款他从小到大吃得理所当然的美味就要消失，便和妻子梁郁伦商量，两人结束在台北的工作，返乡和母亲学炒花生，并创"美好花生"品牌，为传统农作小食打造新风貌。

回乡第三年后，钟顺龙从炒花生多跨一步，开始种花生。"原本只有加工，不打算种。但种花生的农民都老了，不能让农业就这样绝了后，就自己下来种。"在钟顺龙的口中，农业也是需要传承的技艺，"农业是风险性很高的产业，不确定因素太大，所以非常需要经验传承。前人对这个地方的风土、地理条件的熟悉，是他们用自己的一辈子去换来的，你花钱也买不到。"就像他直到亲身踏入土地，才真正理解花生风味与土质的关联，"这次在一块新的地上试种，同一块地，两边的沙质程度不一样，结果就同时种出五年来最漂亮的花生和最丑的花生。"钟顺龙笑着说。

"不只地质条件，种植者的观念，也会影响农作的风味。"钟顺龙昔日的"都市身份"是个摄影师与裱褙师傅。"裱褙和摄影，都有一种'耐久保存'的思考，那让我想事情会先想结果，再往前推做法。"他也在农务上运用同样的思考逻辑。"我想种出什么样的花生、我的环境条件是怎么样，那我现在该怎么做？"他想要种出油脂更饱满、更适合加工成花生酱与花生油的台9号；想要种出更清香，咀嚼更回甘的黑金钢。花生喜欢太阳，太阳愈大、长得愈快，"花莲日照时间较短，我们就让花生多一点余裕慢慢长，不要那么急着采收，它会长出自己的味道。"

钟顺龙目前只做四种花生产品：炒花生、花生酱、花生油，以及现地限量的假日花生汤。所有产品都只有单纯的甜咸滋味，"我喜欢尽量用自己生产的原料，其他就是盐和糖。"香脆不燥的瓶装炒花生，每颗都经过人工剥壳、拣选，一颗颗光滑饱满，连外皮都毫无缺损，口感脆爽，愈嚼愈是香甜。花生酱香气浓郁，花生油透亮清澈，呈现的都是花生本色。"你吃的不只是花生，你是真实在吃一种风土。"

业者 // 钟顺龙，梁郁伦
地点 // 美好花生，花莲县凤林镇

花生酱干拌面

供 4 人食用

准备时间: 10 分钟

烹饪时间: 15 分钟

- ☐ 面条 4 球
- ☐ 无糖花生酱 4 大匙
- ☐ 豆瓣酱 2 大匙
- ☐ 酱油 2 大匙
- ☐ 香菜适量

1 先拌酱。将花生酱、豆瓣酱、酱油混和在一大碗中, 太干可加少许温水拌开, 搅到浓稠均匀, 即可分盛至面碗当中。

2 锅中烧水, 沸腾后将面条丢入, 用长筷搅散; 再次沸腾时点半碗水, 重复一次, 面熟后捞起沥干, 分盛至面碗中, 趁热将面与酱拌匀。放上洗好切碎的香菜, 完成。

小贴士

也可以用含糖的花生酱, 拌起来甜甜咸咸, 风味更独特。

豆腐乳饭团

从春到秋，满眼绿意到一片金黄，再到餐桌上的晶莹剔透，米，向来是餐桌上不可缺少的一碗饱足。既可搭配繁复的大菜，也可单吃感受纯粹的米香，有时安抚的不只是肚腹，更是疲乏的精神与心境。

水稻是台湾栽培面积最广的粮食作物,平均一年可达两获,南部部分地区甚至曾尝试过一年三获。然宜兰地区因冬季东北季风肆虐,雨水丰沛,不利二期耕作,让这里成了全台唯一的稻米一获区。春耕的一期稻作收成后,宜兰的稻田便会在水里泡上大半年,使得兰阳平原一年到头放眼望去,总是一片水汪汪。

也因为一年只种这么一次,二期休耕时改种绿肥作物,以强化地力,让宜兰土壤有机质充足,比起其他地方更为营养。加上兰阳平原三面环山、一向面海,且拥有雪山山脉的纯净水源,矿物质及微量元素丰富。因此,宜兰地区是相对适合栽植有机米的区域,稻米遂成为宜兰具有代表性的农作物。

21世纪刚揭幕不久,台湾掀起一阵"青农下乡"的风潮,许多正值青壮年的都市人,或因厌倦都市生活,或因向往田间岁月,纷纷迁至乡下,拾起锄头开始务农。搬至宜兰员山乡深沟村、创办"谷东俱乐部"的赖青松,即为此变迁的揭旗者。经过十多年的深耕,深沟村俨然已成台湾岛内移民的新农学习示范场;赖青松的妻子朱美虹,是丈夫农忙时最好的助手,2017年年初开张的"美虹厨房",更成了她展现厨艺的地方。丈夫的心血是她最好的食材,她以单纯的料理手法,让慕名而来的旅人不必辛辛苦苦地搬米回家,直接在产地就有机会一尝大名鼎鼎的"青松米"。

要吃到米的真滋味,吃白饭最好。"有一次村子附近举办市集,我们想做点什么来推广米食,讨论过后,就决定做饭团。"不想包入太复杂抢味的内馅,就先试试自家制作的豆腐乳。"豆腐乳其实对身体很好,只是我们家小孩爱吃饭,但不爱豆腐乳。我就把豆腐乳藏进米饭里捏成饭团,他们一吃就喜欢。"是主妇的巧思,也是母亲的智慧。市集过后,豆腐乳饭团便成了美虹厨房的定番款。

赖青松种的米只有一种——台中籼十号。这是改良过的在来米种(籼稻),兼具在来米的口感与蓬莱米(粳稻和籼稻的混种)的黏性,香气十足,适合当主食,也适合进一步做成饭团、炒饭等其他料理。加上宜兰的好山好水,以及顺天应时的有机种植方式,赖青松的稻米有别于惯行农法种植出的作物,更多了一分醇厚的米香,也让朱美虹亲手捏制出的饭团,虽然外表朴实,却让人愈是咀嚼,愈有滋味。

"捏饭团不难,要加什么味道也都看个人。我只是把自己在家做的,分享给大家。"对朱美虹来说,最重要的是,每个人都要拥有自己家里的味道。

料理人 // 朱美虹

地点 // 美虹厨房, 宜兰县员山乡

豆腐乳饭团

供 2 人食用

准备时间: 30 分钟

烹饪时间: 10 分钟

☐ 米 2 杯

☐ 水 1.8 杯

☐ 豆腐乳 1 块

☐ 海苔数片

1 先煮饭。取米洗净后, 加入相宜的水量, 浸泡 10 ~ 15 分钟, 以电饭锅烹煮。

2 将煮好的饭盛出稍微放凉, 双手沾湿, 取一球约手掌大的饭量, 将米饭捧在掌心, 挖一小匙豆腐乳抹平在米饭中心, 再将米饭压制成圆形或三角形。

3 将海苔裹上压好的饭团, 完成。

小贴士

饭团追求的是米饭要香且粒粒分明, 建议用新米。米种方面若不好买到台湾青松米, 除了香米 (如泰国米) 黏性可能较差, 一般粳米(如日本米)皆适合。反复淘米洗掉些淀粉, 煮饭时水可稍少一点, 这样煮出来的米饭会比较硬些。

一碗不过几十元新台币的豆花，淋上糖水，舀入蜜豆或仙草，夏天拌一些碎冰，冬天一匙姜汁，是相对平价的台式甜点。飞鱼食染以扎实古法做出的盐卤豆花，不仅唤醒了童年的味觉记忆，更试图带回那没有塑料餐具的往日时光。

盐卤豆花

在免洗餐具还没那么普遍的时代，孩童想要吃豆花，时常是带着家里的海碗，去向附近卖豆花的伯伯婶婶买个二三十元的，再小心翼翼地捧回家，和兄弟姊妹一同大快朵颐。

是想念早年的没有塑料餐具的往日时光，也是坚持对地球环保尽一份心力。"飞鱼食染"的赖祥语、何飞谕夫妻档，期望借着自己的力量，在人人以自我方便为前提的现代，重新推动"不塑"生活。"要倡导一个诉求，最好的媒介就是通过食物。"何飞谕说。

赖祥语与何飞谕原本居住在基隆，赖祥语更一度是连锁手摇茶饮料店的经营者，事业如日中天。为了给孩子更好的成长环境，决定举

家迁到宜兰。"靠山吃山、靠海吃海。既然要定居在这里,就要找到属于这里的'在地'生活方式。"起先住在三星乡与大同乡交界的牛斗一带,帮忙经营民宿。为了提供给住客够好的食物,何飞谕开车跑遍全宜兰,惊喜地发现有位老师傅专做盐卤豆腐。"但师傅说他不做豆花,嫌麻烦,我就想自己试试看。而且牛斗在太平山脚下,水质好到可以养鳟鱼。这么好的水拿来做豆花,一定会非常美味。"

夫妻俩为了一碗小小的豆花,耗上了两年的实验时间。豆花的组成就是黄豆、水和盐卤。为了找出最好的比例,赖祥语尽力搜罗市面上能找到的有机黄豆与盐卤,豆子从加拿大、美国、澳大利亚来,也试过中国台湾本土有机黄豆,盐卤则是中国台湾本地与日本进口。不同产地的黄豆,蛋白质含量不一;不同区域的盐卤,也会因为海水中的矿物质比例,让做出来的豆花出现不同的风味。两年来,各种排列组合一试再试,"那时还养了22只鸡来吃豆渣,现在这些鸡都生到第四代了。"最后试出美国的有机黄豆与日本盐卤做出来的豆花质量稳定,口感细致绵密,就此拍板。

为什么不用熟石膏?"因为熟石膏的质量与来源更难确认,"何飞谕说,"我们的食物是要做给孩子吃的。"用这样的心情,飞鱼食染的豆花不加任何消泡剂与浓稠剂,给豆浆充足的熬煮时间,以散去有毒的皂泡;豆渣增添完豆浆营养与风味之后过滤掉,为了除去滤袋与容器中的生水疑虑,不惜多花工夫再煮一次。

"其实豆花最好吃的时候,是冲好、静置冷却、放入冰箱后的隔天,豆香和口感最香,也最绵密。"所以一碗令人回味不已的豆花,从泡黄豆开始,大概要经过三十多个小时才能成就。

也亏得这得来不易的传统甜点,让何飞谕的不塑理念在这座小小的冬山市场内开始发酵。"我相信只要食物够好,再麻烦还是有人愿意配合。那只要有一个人开始配合一点点,生活习惯就会开始有所不同。"食物是民生日常的基础,只要做得好,食物也可以成为改变的根本力量。

料理人 // 赖祥语,何飞谕
地点 // 飞鱼食染,宜兰县冬山乡

盐卤豆花

供 4 人食用

准备时间: 20 分钟

烹饪时间: 10 分钟

☐ 豆浆 500mL

☐ 盐卤 12mL

*此豆浆与盐卤之比例为建议, 实际状况仍需视盐卤品牌与豆浆浓度调整

1 取一干净大碗, 倒入盐卤。

2 将豆浆煮滚后, 降温至 80 ~ 85℃。

3 将豆浆快速一次倒入装有盐卤的大碗中, 静置数分钟后即凝结, 建议再放上 20 分钟左右, 口感会更扎实。表层不平整的部分可用汤匙片去, 吃时随个人喜好加入糖水或其他配料。

自制豆浆

先将黄豆略洗, 挑去不良豆后, 以豆:水 = 1 : 2 的比例浸泡。夏天浸泡 4 ~ 6 小时, 冬天 8 ~ 10 小时。泡好后再将黄豆洗净, 以豆:水 = 1 : 6 的比例研磨 (可用果汁机打)。将磨好的生豆浆倒入深锅, 先以中大火煮至边缘冒出沸腾的小泡, 开始一边煮一边搅拌。第一次完全沸腾时会冒出大泡泡, 转为中小火以免溢出, 持续边煮边搅拌, 直到泡泡完全消去、散发豆香味为止。喜欢口感滑顺的可滤除豆渣。

珍贝腐皮卷

金针菇和腐皮，两种平价的日常食材，换个形状组合起来，瞬间变身为创意十足的高级排餐。舍弃一般豆类加工品的限制，素食也能如此令人脑力激荡。

花莲，拥有优良的气候与地理条件，相对于台湾其他县市，种植有机稻米与蔬果的农人们更多了些。于是，邱丽玲的美满蔬房在天然、有机食材的取得上，一开始就获得了先机。

"美满蔬房"命名自邱丽玲心爱的狗狗美满，称之为"蔬房"，是她发现有不少人一看"素食"就望之却步。"有过客人预订四位，只来了三位。到场的客人很抱歉地告诉我，另一位知道要吃素，就不想来了。"

会对素食有不良的刻板印象，无非市场上的素食除了蔬菜之外，就是各种豆类、蒟蒻制成荤食形状、口感的加工再制品。"其实也不难吃，但毕竟不知道内容成分到底有什么。"邱丽玲自己也不喜欢。

邱丽玲吃素和宗教无关。"刚好以前有朋友吃，就跟着一起吃。一阵子下来，觉得身体很舒服，对荤食也没有特别的欲望，就变成吃素了。"原本在公司担任会计，凭着自己对烹饪的喜好，开了几次店，又收了几次。直到美满蔬房，才仿佛找到自己的定位一般，走入现在的第六年。

美满蔬房的食材大多来自花莲当地的有机小农：米来自寿丰采用友善耕作种植的友人，菜蔬则每天到市场上采买；调味料也是使用天然酿造的产品。少油、少盐、少糖的路线，清清淡淡，是她"将身体的负担减到最低"的料理之道。

她的料理看起来简单，制作的想法却一点也不简单。她会先以纸笔画出想要呈现的菜，再思考用哪些材料、什么方式制作出来。"像这一道珍贝腐皮卷，也没什么了不起，就是有一次吃火锅，在把金针菇剥开的时候觉得很麻烦，干脆整把加下去，没想到吃起来那种多汁的口感很像干贝。"一个动念，邱丽玲试着翻转金针菇的日常印象，箍上腐皮后干煎，加入蛋白更增添香味，很受客人欢迎。"你看我们吃的干贝比真的干贝还大。"她笑。

她也很擅长把食材无形地化入料理当中。"有客人吃下去之后，说：这里面有茄子！她说她这辈子从来没想要吃茄子，那是她第一次吃。"

邱丽玲天马行空的想法，让素食摆脱了既有的单调模样；对于原味的坚持与追求，也让食材演出最真的滋味。"养生往往不怎么好吃，但为什么要讲求健康原味，就得勉强自己吃不好吃的东西呢？"开店几年下来，客人们看着邱丽玲的成长，更惊艳于每一次盘中菜肴的变化，"我以前也是几样青菜直接或炒或烫，后来渐渐放手去做，各种想象，自己也才发现原来素食可以有这么多不同的风貌。"对邱丽玲来说，素食有着无限的创意空间，在小小的美满蔬房中日日上演。

珍贝腐皮卷

供 4 人食用

准备时间：30 分钟
烹饪时间：40 分钟

- ☐ 金针菇 2 包
- ☐ 有机腐皮 4 片
- ☐ 鸡蛋 4 颗
- ☐ 盐少许

酱汁

- ☐ 蘑菇 4 朵
- ☐ 盐巴少许
- ☐ 腰果 50g
- ☐ 水适量

料理人 // 邱丽玲
地点 // 美满蔬房，花莲县吉安乡

1　金针菇维持整把的状态，切成厚2至3公分的矮柱状。腐皮切成同样宽度的条状后，将腐皮圈在金针菇片外面，箍起来。

2　鸡蛋4颗取蛋白，加盐打好。如不想浪费也可整颗蛋使用，但颜色略逊，以及会稍抢到主菜的味道。

3　热平底锅，下少许油，放入箍好的珍贝腐皮卷，小火慢煎。煎至有香味飘出时，倒入加了盐的蛋白（加的时候可在金针菇面上稍微戳洞，让蛋白顺利往下流入）。煎到蛋汁收干再翻面续煎，直到两面微焦即可。

4　腰果加少许水，用食物处理机打成乳状。热锅，将切片蘑菇炒香，下少许盐调味后，倒入打好的腰果乳，小火慢慢收，调整自己要的浓稠度。

5　将煎好的珍贝腐皮卷盛盘，舀入适量的蘑菇酱，饰以烫好的季节时蔬，完成。

菜谱来源

台湾北部

❶ 朱松原；一号粮仓；台北市松山区台北市八德路二段 346 巷 3 弄 2 号（见 12 页）/ 建议预约，☎+886-2-2775-1689 / ⊙ 周二至周日 11:30 ～ 14:30（午餐），18:00 ～ 22:00（晚餐）、周一公休

❷ 吴胜鑫；亚东甜不辣；台北市万华区西园路一段 56 号（见 16 页）/ ⊙ 周二至周日 9:00 ～ 18:00、周一公休

❸ 曾文佑；时寓；台北市中山区建国北路一段 68 号 2 楼（见 22 页）/ 建议预约，☎+886-2-2506-9209 / ⊙ 周三至周五 12:00 ～ 15:00（午餐），18:00 ～ 22:00（晚餐），周末 12:00 ～ 15:00（午餐），18:00 ～ 21:00（晚餐），周一周二公休，每月第二个周日公休

❹ 黄源泉；今大卤肉饭；新北市三重区大仁街 40 号（见 26 页）/ 周一至周日 6:30 ～ 21:00

❺ 蓝凤荣；蓝家刈包；台北市中正区罗斯福路三段 316 巷 8 弄 3 号（见 32 页）/ ⊙ 周二至周日 11:00 ～ 24:00、周一公休

❻ 吴怿周；碗粿之家；新北市板桥区南雅南路一段 38-1 号（见 36 页）/ ⊙ 周二至周日 7:00 ～ 23:00、周一公休

❼ 何淑丽；东一排骨；台北市中正区延平南路 61 号 2 楼（见 40 页）/ ⊙ 10:00~21:00（最后点餐时间 20:00）、周一公休

❽ 陈英杰；呷二嘴；台北市大同区甘州街 34 号（见 44 页）/ 周二至周日 9:00 ～ 17:30、周一公休

❾ 杨惠珠；淡水老牌阿给；新北市淡水区真理街 6 之 1 号（见 48 页）/ ⊙ 周二至周日 5:00 ～ 14:00、周一公休

❿ 林月娥；福长商号；新北市坪林区新北市坪林区坪林街 18 号（见 52 页）/ 建议先致电确认营业时间，+886-2-2665-6219/ ⊙ 周一至周日 11:00~18:00

⓫ 周月华，张琼芳；周记芋圆；台北市万华区和平西路三段 120 号，龙山商场 1 楼（见 57 页）/ ⊙ 周一至周日 10:30 ～ 16:30（售完即休），每月第 4 个周日公休

⓬ 姚冠之；双连圆仔汤；台北市大同区民生西路 136 号（见 60 页）/ ⊙ 周一至周日 10:30 ～ 22:00

⓭ 黄彦超；雨焰商行；台北市万华区西宁南路 212 号（见 64 页）/ ⊙ 周二至周日 11:00 ～ 21:00、周一公休

相关店铺网址，请扫码查看，部分为 Facebook 主页。

台湾中部

❶ 刘俊宏; 彭城堂台菜海鲜餐厅; 台中市太平区宜昌路 377 号（见 73 页）/⊘11:30 ~ 14:00, 17:30 ~ 21:00

❷ 张志名; 芸彰牧场台湾牛专卖店; 云林县虎尾镇光复路 370 号（见 77 页）/⊘11:00 ~ 14:00, 17:00 ~ 21:00

❸ 刘珈吟; 肉圆詹; 彰化县北斗镇中正路 75 号（见 84 页）/⊘9:00 ~ 18:00

❹ 陈冠颉; 英才大面庚; 台中市北区英才路 215 号（见 88 页）/⊘9:30 ~ 18:30

❺ 林笃毅; 林家乌鱼子; 嘉义县东石乡掌潭村一邻 6-1 号（见 94 页）/需预约, ☑+886-905-576-333

❻ 余文豪, 余文彬; 来坐炒面; 台中市西区乐群街 66 号（见 98 页）/⊘6:30 ~ 14:00, 周二休息

❼ 魏聪海; 阿海师当归鸭肉面线; 云林县土库镇中正路 137 号（见 103 页）/⊘8:00 ~ 19:30

❽ 陈燕桦; 森心日春果酱专卖店; 南投县埔里镇信义路 121 号（见 109 页）/⊘11:00 ~ 20:00, 周一休息

❾ 林耿逸; 奋起湖大饭店; 嘉义县竹崎乡中和村奋起湖 178-1 号（见 115 页）/⊘11:00 ~ 13:00

❿ 蔡宛如; 春水堂; 台中市西区四维街 30 号（见 118 页）/⊘8:00 ~ 22:00

⓫ 谢宜哲; 御鼎兴; 云林县西螺镇安定路 171-11 号（见 122 页）/⊘9:00 ~ 17:00

⓬ 许仁硕; 田里的孩子. 小农家; 斗六, 云林（见 126 页）/⊘预约, ☑+886-9-1126-9442

⓭ 许桦荣; 桦荣海鲜餐厅; 嘉义县东石乡塭港村 52-43 号（见 131 页）/⊘11:00 ~ 14:30, 17:00 ~ 20:00

⓮ 雷曜聪; 太阳堂老店; 台中市中区自由路 2 段 25 号（见 135 页）/⊘8:00 ~ 22:00

⓯ 张莱恩; 巴登咖啡; 云林县古坑乡荷苞村小坑 5-2 号（见 138 页）/⊘8:30 ~ 17:30, 8:30 ~ 21:00

台湾南部

❶ 刘红珠, 刘玲君; 美浓食堂; 高雄市前金区自强二路 150 巷 3 号（见 144 页）/需预约, ☑+886-7-291-7321/⊘11:00 ~ 14:00, 周日公休, 周六不定休

❷ 黄瀞仪, 郑敬峰; 凤凰来手作炸鸡屋; 台南市东区长荣路二段 274 号（见 151 页）/⊘17:00 ~ 23:00, 周日、周一公休

❸ 李水田; 阿溪鸡肉饭; 嘉义市西区仁爱路 356 号（见 155 页）/⊘5:30 ~ 13:30, 周四公休

❹ 范建玠; 范家意面; 台南市盐水区清泉路 198 号（见 159 页）/需预约, ☑+886-6-652-7504/⊘7:30 ~ 17:30, 周三公休

❺ 黄光正; 西罗殿牛肉汤; 台南市北区公园南路 98 号（见 163 页）/⊘5:00 ~ 13:30, 周二公休

菜谱来源

⑥ 刘宇邦；明德老酱铺；高雄市冈山区河堤二路 128 号 1 楼（见 167 页）/ ◷9:00 ～ 21:00，农历除夕休

⑦ 邱清舜；古早味邱什菜；高雄市鼓山区博爱一路 540 号（见 171 页）/ ◷9:00 ～ 13:00，周六、周日公休

⑧ 郭国格，郭人豪；常美制冰本铺；高雄市旗山区文中路 99 号（见 175 页）/ ◷9:00 ～ 19:30，每月底周三公休

⑨ 刘学元；肥灶聚场；台南市中西区永华路一段 320 号（见 179 页）/ ◷11:30 ～ 14:00、17:00 ～ 22:00

⑩ 叶杏珍；汤食家；台南市中西区树林街二段 89 号（见 183 页）/ ◷11:00 ～ 20:00，周二公休

⑪ 马德凯；李妈妈正北方面点；嘉义市东区民权路 92-1 号（见 187 页）/ ◷11:00 ～ 14:00、17:00 ～ 21:00

⑫ 吴朝荣，王惠慧；和兴号鲜鱼汤；台南市中西区忠义路二段 49 号（见 192 页）/ ◷周一至周五 11:00 ～ 14:00、17:00 ～ 20:00；周六至周日 9:30 ～ 14:00、17:00 ～ 20:00，周三公休

⑬ 汉稼庄香酥鸭专卖店；台南市东区中华东路二段 295 巷 56 号（见 199 页）/ ◷11:00 ～ 13:30、17:00 ～ 20:30，周一、周三公休

台湾东部

❶ Beya, Aiku; Kituru；台东县太麻里乡多良村大溪 110 号（见 205 页）/ ◷12:00 ～ 20:00，周日 12:00 ～ 18:00，周一、周四公休

❷ 钟顺龙，梁郁伦；美好花生；花莲县凤林镇中和路 46-1 号（见 210 页）/ ◷10:00 ～ 17:30，周二、三公休

❸ 朱美虹；美虹厨房；宜兰县员山乡尚深路 124 号（见 215 页）/ ◷每周五、六、日 11:30 ～ 17:00

❹ 赖祥语，何飞谕；飞鱼食染；宜兰县冬山乡冬山路 186 号 1 楼（见 218 页）/ ◷11:00 ～ 20:00，周一公休

❺ 邱丽玲；美满蔬房；花莲县吉安乡明仁二街 177 巷 8 号（见 222 页）/ 需预约，☑+886-912-519-759/◷11:00 ～ 14:00、17:00 ～ 20:00

我们的作者

刘维佳

内容策划 深信"人活着就是为了吃"的原则（反过来就失了意），吃过的地方才有旅行的记忆。他参与了《日本美食之旅》中文版和《101中国美食之旅》等超过50本Lonely Planet旅行读物和指南的制作。

黄采薇

台湾中部 成长在海岛北滨的小渔村，近六年来在四座不同纬度、不同风土的大陆城市间旅居游走。在厨房和传统市场里写日记，爱食材原味但也嗜臭、嗜酸、嗜辣，最钟情海鲜以及春天的江南农村风味。

陈俶分

台湾南部 台湾东部 陈阿肠，台湾高雄人。有字时写字，没字时煮饭或走路去买菜。人生不能没有卤肉与咸酥鸡。

刘子瑄

台湾北部 一个爱向外流浪的台北人，写过几年杂志几年旅游文章、度过一年澳洲一年京都的旅外生活、吃了一轮亚洲美食，最爱的还是那碗家乡的卤肉饭。

摄影师

宋修亚

拍照的人。不挑嘴，但尝到特别美味的食物眼睛会发光。喜欢浮夸地称赞真正美好的事物，比如风景和美食。深深觉得食物和人一样，到最后，还是原味最好。

插画师

二搞创意

画图的叫良根，写字的是郭渔。深信"民以食为天"这项千古不变的定律，肚子一饿肯定什么事都做不好。偶尔下厨，时常外食，成天创作当成是喂养内在的精神食粮。

幕 后

作者致谢

陈琡分

谢谢所有善待鸡鸭鱼猪牛羊蔬菜水果，以及不浪费食物的人们。

黄采薇

这次采访靠着太多人完成：尤其是美丽的乔妈、才女介柔，还有最爱巩俐的志伟哥，再三拜谢。谢谢编辑大人全程照看，谢谢厨神一波义务指导。人生路上，唯有爱与美食不可辜负。

刘子瑄

感谢所有店家的协助与大方受访，谢谢三重在地人芳仪的私家清单、还有宜铮陪我征服坪林，也感谢每位友人、家人的帮忙与众家推荐。最后要谢谢Vega、本书的小伙伴，以及一起跑采访的修亚带来愉快的采访时光与美美的照片。

摄影师
宋修亚

这次的拍摄工作一路上遇到许多慷慨的帮助。谢谢柏语在最开始不断肯定我的才华。谢谢建杰父子开着车送我们往返中部的采访点，也谢谢你们让我住在你们云林的家里。谢谢小贺和家榕。最后谢谢我妈，她在车站等了我好几回。

关于本书

这是Lonely Planet《台湾美食之旅》的第1版。本书的作者为陈琡分、黄采薇和刘子瑄。

本书由以下人员制作完成：

项目负责	关媛媛
项目执行	丁立松
内容策划	刘维佳
视觉设计	李小棠
协调调度	沈竹颖
责任编辑	孙经纬
特约编辑	程良雪
地图编辑	马 珊
制 图	田 越
终 审	朱 萌
流 程	孙经纬
排 版	北京梧桐影电脑科技有限公司

声 明

本书全部照片由宋修亚拍摄；插图由二搞创意绘制、联合数位文创授权。

本书部分地图由中国地图出版社提供，审图号为GS（2019）5155号。

台湾美食之旅

中文第一版

© Lonely Planet 2018
本中文版由中国地图出版社出版

© 书中图片由图片提供者持有版权，2018

图书在版编目 (CIP) 数据

　　台湾美食之旅 = From the Source - Taiwan / 澳大利亚 Lonely Planet 公司编 .-- 北京：中国地图出版社，2019.12
　　ISBN 978-7-5204-1528-6

　　Ⅰ .①台… Ⅱ .①澳… Ⅲ .①饮食－文化－台湾 Ⅳ .① TS971.202.58

　　中国版本图书馆 CIP 数据核字 (2019) 第 267421 号

出版发行	中国地图出版社
社　　址	北京市白纸坊西街 3 号
邮政编码	100054
网　　址	www.sinomaps.com
印　　刷	北京华联印刷有限公司
经　　销	新华书店
成品规格	185mm×240mm
印　　张	14.5
字　　数	395 千字
版　　次	2019 年 12 月第 1 版
印　　次	2019 年 12 月北京第 1 次印刷
定　　价	99.00 元
书　　号	ISBN 978-7-5204-1528-6
审 图 号	GS（2019）5155 号
图　　字	01-2019-6962
重大选题备案文号	国新出审〔2019〕2393 号

如有印装质量问题，请与我社发行部（010-83543956）联系

旅行读物全新上市，更多选择敬请期待

在阅读与观察中了解世界，激发你的热情去探索更多

- 全彩设计, 图片精美
- 启发旅行灵感
- 轻松好读, 优选礼物

保持联系

china@lonelyplanet.com.au

我们在墨尔本、奥克兰、伦敦、都柏林和北京都有
办公室。联络：lonelyplanet.com/contact

 weibo.com/
lonelyplanet

 lonelyplanet.com/
newsletter

facebook.com/
lonelyplanet

twitter.com/
lonelyplanet

"只要决定出发，最困难的部分就已结束。那么，出发吧！" 托尼·惠勒（Tony Wheeler），Lonely Planet 联合创始人